Synthese nanoskaliger Hohlkugeln durch Mikroemulsions-Techniken

Synthese nanoskaliger Hohlkugeln durch Mikroemulsions-Techniken

Zur Erlangung des akademischen Grades eines

DOKTORS DER NATURWISSENSCHAFTEN

(Dr. rer. nat.)

von der Fakultät für Chemie und Biowissenschaften

des Karlsruher Instituts für Technologie (KIT) - Universitätsbereich

angenommene

DISSERTATION

von

Diplom-Chemiker Christian Andreas Zurmühl

aus

Stuttgart

Dekan: Prof. Dr. M. Bastmeyer
Referent: Prof. Dr. C. Feldmann
Korreferent: Prof. Dr. H. Geckeis
Tag der mündlichen Prüfung: 09.02.2012

Bibliografische Information der Deutschen Nationalbibliothek
Die Deutsche Nationalbibliothek verzeichnet diese Publikation in der Deutschen Nationalbibliografie; detaillierte bibliografische Daten sind im Internet über http://dnb.d-nb.de abrufbar.

1. Aufl. - Göttingen : Cuvillier, 2012
   Zugl.: Karlsruhe (KIT), Univ., Diss., 2012

   978-3-95404-312-5

Nonnenstieg 8, 37075 Göttingen
Telefon: 0551-54724-0
Telefax: 0551-54724-21
www.cuvillier.de

1. Auflage, 2012
Gedruckt auf säurefreiem Papier

978-3-95404-312-5

Die vorliegende Arbeit wurde in der Zeit von Juni 2007 bis Januar 2012 am Institut für Anorganische Chemie des Karlsruher Instituts für Technologie (KIT) unter Anleitung von Prof. Dr. C. Feldmann angefertigt.

Danksagung

Mein herzlicher Dank gilt allen, die zum Gelingen dieser Arbeit beigetragen haben:

- Meinem Doktorvater Herrn Prof. Dr. C. Feldmann für die interessante Fragestellung, die guten Arbeitsbedingungen sowie für die hilfreichen Diskussionen
- Allen Mitarbeitern des AK-Feldmann für die Unterstützung und die gute Atmosphäre.
- Prof. Dr. D. Gerthsen, Herrn Dr. R. Popescu und Herrn W. Send für die Aufnahmen der HR-TEM-Bilder.
- Den Mitarbeitern des Instituts für Anorganische Chemie, der Chemikalienausgabe, Elektrowerkstatt, Glasbläserei und Werkstatt für die fachkundige Unterstützung.
- Jan Benner, Alexander Giovannitti, Stefan Grabbisch, Christian Schöttle, Manuela Wallesch für die praktische Unterstützung.
- Alicia Malek, Andreas Luz, Daniela Martínez Jaramillo, Fabian Gyger, Katharina Pliester, Jan Ungelenk, Christian Kind für das Korrekturlesen dieses Manuskriptes
- Besonderer Dank gilt meinen Eltern für ihre uneingeschränkte Unterstützung und meinem Bruder.

Abkürzungsverzeichnis

BET	Gasadsorption nach Brunauer, Emmet und Teller
CTAB	Hexadecyltrimethylammoniumbromid
DLS	Dynamische Lichtstreuung
FT-IR	Fourier Transform Infrarotspektroskopie
HR-TEM	Hochauflösende Transmissionselektronenmikrokopie (High-Resolution Transmission Electron Microscopy)
ICCD	International Centre for Diffraction Data
ME	Mikroemulsion
O/W	Öl-in-Wasser-(Mikroemulsion)
STEM	Rastertransmissionselektronenmikroskopie (Scanning Transmission Electron Microscopy)
TEM	Transmissionselektronenmikroskopie (Transmission Electron Microscopy)
UV/Vis	Absorptionsspektroskopie (Ultraviolett and Visible)
W/O	Wasser-in-Öl-(Mikroemulsion)
XRD	Röntgen-Pulverdiffraktometrie (X-Ray Diffraction)

Inhaltsverzeichnis

1. Einleitung

Die Nanotechnologie bietet ein enormes Potenzial zur Verbesserung und Modifizierung von Materialeigenschaften, sie wird als Schlüsseltechnologie des 21. Jahrhunderts gehandelt.[1, 2] Von besonderem Interesse sind hierbei die ungewöhnlichen Eigenschaften von Nanomaterialien, welche sich von denjenigen der Festkörper erheblich unterscheiden können.

Betrachtet man die Eigenschaften, die durch Strukturen im Nanometerbereich hervorgerufen werden, so stellt man eine Vielzahl verschiedenster Effekte fest. Einige sind in der Natur zu finden, wo sie in Jahrtausenden von evolutionären Verbesserungen hervorgebracht wurden. So beispielsweise der viel zitierte Lotuseffekt, der durch eine nanostrukturierte, superhydrophobe Oberfläche die Lotuspflanze vor einem Anhaften von Schmutz schützt.[1] Weitere Beispiele sind die schillernden Farben der Schmetterlingsflügel,[3] die genau wie die Farben des Opals durch Nanostrukturen, hier photonische Kristalle, hervorgerufen werden.[4]

Auch die Menschheit verwendete seit Jahrhunderten Produkte der Nanotechnologie, ohne im Detail Kenntnis darüber zu haben. Eines der diesbezüglich bekanntesten Beispiele sind rote Kirchenfenster, welche durch Goldnanopartikel ihre Farbe erhalten.[5] Ein weiteres Beispiel ist die Härte des berühmten Damaszener Stahls, welche auf die bei der Herstellung entstandenen Kohlenstoffnanoröhrchen zurückzuführen ist.[6]

Diese Beispiele haben gemeinsam, dass die Materialverbesserung ohne Kenntnis der chemisch-physikalischen Ursachen durchgeführt wurde. Zu Beginn des 20. Jahrhunderts begannen Wissenschaftler wie *Ostwald* sich mit Kolloidalpartikeln in Lösungen, sogenannten kolloidalen Lösungen zu beschäftigen.[7] Allerdings ermöglichten erst die enormen Fortschritte der analytischen Charakterisierungsmethoden gegen Ende des letzten Jahrhunderts eine tiefer gehende Untersuchung von Nanostrukturen und -partikeln. Dadurch wurden zielgerichtete Synthesen und eine gezielte Entwicklung von Nanomaterialien mit interessanten Eigenschaften erst möglich.

Im Alltag findet sich heute bereits ein großes Einsatzgebiet von Nanopartikeln, wie zum Beispiel in Sonnencreme, Farben und Oberflächenbeschichtungen.[8] Oberflächenbeschichtungen mit Nanopartikeln gehören heute bei hochwertigen optischen Geräten zum Stand der Technik, beispielsweise bei Fernrohren und Brillengläsern, wobei die Entwicklung stetig voranschreitet.[9] Einige Bedeutung haben inzwischen Nanomaterialien mit spezieller Morphologie (Nanostäbchen, Nanoröhren) erlangt. So werden beispielsweise Kohlenstoffnanoröhrchen, unter anderem, zur Verstärkung von Kunststoffen in Flügeln von Windkraftanlagen, sowie zur Herstellung leitfähiger Kunststoffe und Tinten eingesetzt.[10]

Zu den Nanomaterialien mit besonderen Strukturen gehören auch nanoskalige Hohlkugeln. Ihre Eigenschaften, wie große Oberfläche, geringes spezifisches Gewicht, hohe mechanische Festigkeit und die Möglichkeit der Verwendung als Nanocontainer versprechen eine Vielzahl interessanter Anwendungen.[11] Durch Variation des Hüllenmaterials und des Außen- und Innendurchmessers können verschiedene Eigenschaften erhalten und somit unterschiedliche Anwendungen erschlossen werden. So wird der Einsatz nanoskaliger Hohlkugeln beispielsweise in der Katalyse,[12] als Gasspeicher[13] oder für Lithiumionenbatterien[14, 15] untersucht. Weiterhin ist eine Anwendung in der Medizin als Markersubstanz oder, unter Nutzung der Containerfunktionalität,[11] in der Pharmazie zum Wirkstofftransport Gegenstand der aktuellen Forschung. Tiefergehende Untersuchungen der nanoskaligen Hohlkugeln sind also durchaus lohnend.

Eine noch zu überwindende Hürde vor der Anwendung nanoskaliger Hohlkugeln ist ihre aufwendige Synthese. Die bisher am häufigsten eingesetzten Syntheserouten, wie die Methode der "Harten-Template" oder die Synthese unter Ausnutzung des Kirkendall-Effekts, erfordern für jedes Material eine maßgeschneiderte Synthese.[16] Nachteilig bei der Methode der "Harten-Template" wirkt sich aus, dass es nicht einfach ist, eine Hülle auf ein Templat abzuscheiden und dieses anschließend zu entfernen. Die Synthese unter Ausnutzung des Kirkendall-Effekts ist auf eine kleine Materialklasse festgelegt, da von geeigneten Vollpartikeln ausgegangen werden muss.[16] Außerdem kann Synthesebedingt die Containerfunktionalität nicht verwendet werden.

Ziel der vorliegenden Arbeit war die Entwicklung einer zuverlässigen, universell einsetzbaren Methode zur Synthese nanoskaliger Hohlkugeln. Dabei sollte auf den Einsatz aufwendig herzustellender Precursoren und auf toxische Template verzichtet werden, so dass eine Biokompatibilität der erzeugten Hohlkugeln gewährleistet ist. Ebenso sollte die Methode die Containerfunktionalität der nanoskaligen Hohlkugeln zugänglich machen, um Wirkstoffe oder andere Substanzen in die Hohlkugeln einbringen zu können.

Im Rahmen dieser Arbeit wurde der bekannte Weg der Mikroemulsion verlassen und eine neue Methode unter Verwendung von Gelatine als Templat in Kombination mit einer Mikroemulsion entwickelt. Die Funktionsfähigkeit der Synthese wurde mit der Darstellung unterschiedlicher Materialien demonstriert.

2. Analytische Methoden

2.1. Elektronenmikroskopie

Zum Betrachten von Strukturen und Objekten, die kleiner als das Auflösungsvermögen des menschlichen Auges sind, können Mikroskope verwendet werden. Deren Auflösung hängt von der Wellenlänge der eingesetzten elektromagnetischen Strahlung nach der Gleichung von Abbe ab (Formel 1).[17]

$$d_{\min} = \frac{\lambda}{2n\sin\alpha} \qquad (1)$$

d_{min}: Auflösung (kleinster Abstand zweier Punkte, die noch getrennt wahrnehmbar sind)
λ Wellenlänge
n Brechungsindex
$sin\alpha$ Öffnungswinkel des fokussierten Strahls

Je höher die gewünschte Auflösung ist, desto kleiner muss die Wellenlänge des eingesetzten Mediums sein. Statt Licht können dazu auch beschleunigte Elektronen verwendet werden. Diese haben durch den Welle-Teilchen-Dualismus eine Wellenlänge, die nach de Broglie (Formel 2) von deren Impuls abhängt (Formel 2).

$$\lambda = \frac{h}{p} = \frac{h}{mv} \qquad (2)$$

λ De Broglie Wellenlänge
h Plancksches Wirkungsquantum
p Impuls
m Masse
v Geschwindigkeit v der Elektronen.

Der Impuls der Elektronen wird von ihrer Geschwindigkeit und Masse bestimmt. Die Geschwindigkeit der Elektronen hängt über $E_{kin}=1/2mv^2=e\ U_B$ mit der Elementarladung e von der Beschleunigungsspannung U_B ab. Da sich die

Elektronen nahe der Lichtgeschwindigkeit bewegen, muss noch ein relativistischer Korrekturterm eingefügt werden. Somit erhält man die Wellenlänge in Abhängigkeit von der Beschleunigungsspannung (Formel 3):

$$\lambda = \frac{h}{\sqrt{2m_0 e U_B \left(1 + \frac{eU_B}{2m_0 c^2}\right)}} \qquad (3)$$

m_0 Ruhemasse Elektron

U_B Beschleunigungsspannung

e Elementarladung

c Lichtgeschwindigkeit

Treffen Elektronen auf Materie, können unterschiedliche Wechselwirkungen auftreten (Abbildung 1). Je nach Art der Wechselwirkung finden die entstehenden Photonen oder Elektronen für unterschiedliche Arten der Analyse Verwendung.[18]

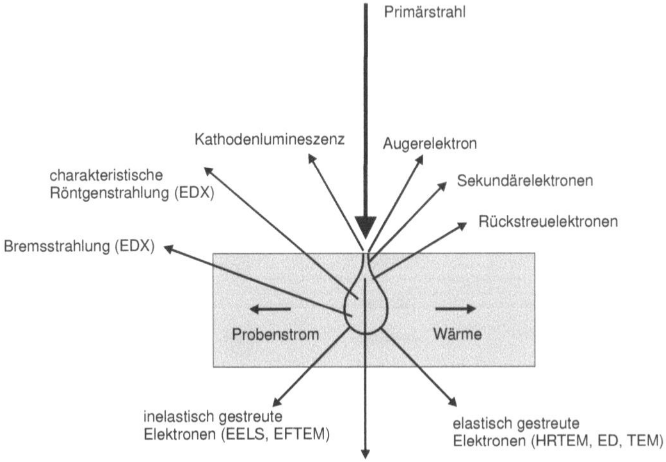

Abbildung 1: *Mögliche Wechselwirkungen eines Elektronenstrahls mit dem Probenmaterial.*

2.2. Transmissionselektronenmikroskopie

Bei einem Transmissionselektronenmikroskop (TEM) durchdringen die Elektronen die Probe und werden dabei elastisch gestreut (Abbildung 1). Der Elektronenstrahl wird beim Durchdringen der Probe entweder gebeugt oder absorbiert. Im Fall der Absorption werden die Probendichte und die Verteilung der chemischen Elemente durch Grauschattierungen sichtbar. Bei einer Beugung wird ein Elektronenstrahl an den Netzebenen der in der Probe vorhandenen Kristallite abgelenkt. Dabei entsteht ein Beugungsbild, aus dem die Kristallinität und die Elementarzelle bestimmt werden können.

Als Strahlungsquelle dient eine Feldemissionskathode, von der die Elektronen mit einer Beschleunigungsspannung von 100-300 kV auf die Probe beschleunigt werden. Der Strahlengang verhält sich ähnlich wie in einem Lichtmikroskop (Abbildung 2), nur werden statt optischer Linsen magnetische Linsen eingesetzt. Der Strahl wird in einem Kondensor parallel ausgerichtet, durchdringt die Probe und wird mit einer Sammellinse fokussiert und vergrößert.

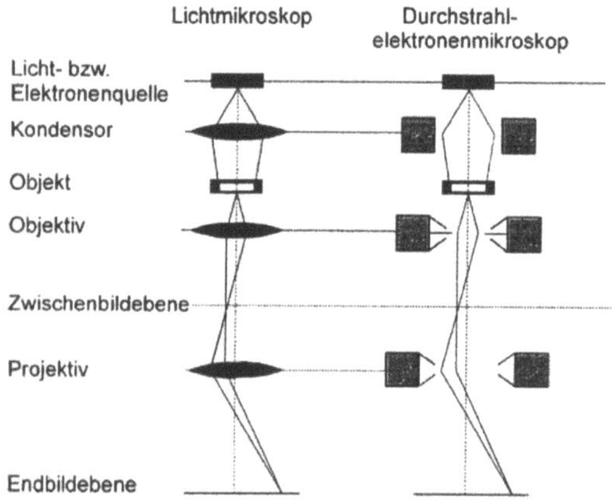

Abbildung 2: *Gegenüberstellung des Strahlengangs eines TEM und eines Lichtmikroskops.*[19]

Die Elektronen treffen auf einen Detektor, einen Szintillator, der über einen Lichtwellenleiter mit einem elektronischen Bildsensor (charge-coupled device, CCD) gekoppelt ist. Die dort erzeugten Signale werden auf einen Rechner übertragen und gespeichert.[16, 18]

Da bei einer TEM-Aufnahme der Elektronenstrahl Probe und Probenträger durchdringt, müssen beide sehr dünn sein. Träger ist meist ein Kohlenstofffilm.

Bei den TEM-Aufnahmen wurden die Proben auf Lacey-Kohlenstofffilme (Fa. Plano, Wetzlar) aufgetragen. Zur Herstellung dieser Filme wird ein Templat aus einem Polymer hergestellt und mit Kohlenstoff bedampft. Zur mechanischen Stabilisierung und zur besseren Ableitung der Elektronen wird der bedampfte Film auf ein Kupfernetz als Träger aufgebracht.[20] Beim Verdampfen des Kohlenstoffs und dessen Abscheidung können Kohlenstoffnanoröhren und -kugeln mit mehrlagigen, konzentrischen Außenhüllen entstehen, welche sich ebenfalls auf dem Film abscheiden. Sie haben einen Netzebenenabstand von 3,4 Å, der dem des Graphits entspricht. Dies ist eine bekannte Kontamination von Lacey-Filmen, die bei der Auswertung der Bilder berücksichtigt werden muss.[21-23]

Die TEM-Bilder wurden am Laboratorium für Elektronenmikroskopie der Universität Karlsruhe aufgenommen. Verwendet wurde ein Gerät vom Typ CM 200 FEG/ST der Firma Philips (Eindhoven) bei einer Beschleunigungsspannung von 200 kV. Die Aufnahme der Bilder erfolgte mittels einer CCD-Kamera. Ausgewertet wurden die Aufnahmen mit der Scandium Software (Olympus Soft Imaging Solutions, Münster) und dem Open Source Programm ImageJ (http://rsbweb.nih.gov/ij/).

Die Proben wurden als Suspension auf Lacey-Filme der Firma Plano (Wetzlar) aufgetragen und fünf Minuten bei 60 °C getrocknet.

2.3. Rastertransmissionselektronenmikroskopie

Bei einem Rastertransmissionselektronenmikroskop (Scanning Transmission Electron Microscopy, STEM) befindet sich der Detektor unterhalb der Probe. Der Elektronenstrahl durchdringt beim Messen die Probe und der dadurch zustande kommende Intensitätsabfall wird aufgezeichnet. Im Gegensatz zum TEM wird beim STEM die Probe in einem Raster abgefahren und das Bild von einem Rechner anhand der Koordinaten des Elektronenstrahls zusammengesetzt.

Die Proben für die vorliegende Arbeit wurden bei Raumtemperatur bei 10^{-6} mbar am Rasterelektronenmikroskop Supra 40 VP (Fa. Zeiss, Oberkochen) mit 30 kV Beschleunigungsspannung und einem Arbeitsabstand von 3 mm gemessen. Für die Auswertung der Aufnahmen stand die Scandium Software (Olympus Soft Imaging Solutions, Münster) zur Verfügung.

Die Proben wurden als ethanolische Suspension auf Lacey-Filme der Firma Plano aufgetragen. Trägermaterial war ein Kohlenstoffnetz, das aus Stabilitätsgründen und wegen der besseren elektrischen Leitfähigkeit auf einem Kupfernetz aufgebracht war.

2.4. Differenzthermoanalyse und Thermogravimetrie

Differenzthermoanalyse und thermogravimetrische Messungen werden verwendet, um das thermische Verhalten von Substanzen zu charakterisieren. Ein leerer Referenztiegel und ein Tiegel mit der Probe werden langsam und gleichmäßig erhitzt, während das Gewicht und die Temperatur beider Tiegel gemessen und protokolliert werden. Die Auswertung der Gewichtsdifferenzen wird Thermogravimetrie, die der Temperaturdifferenzen Differenzthermoanalyse genannt. Aus der Gewichtsänderung der Probe in Abhängigkeit von der Temperatur sind Zersetzungs- und Verdampfungstemperaturen ermittelbar. Aus der Temperaturdifferenz beider Tiegel kann auf endotherme oder exotherme Reaktionsverläufe geschlossen werden. Beide Verfahren zusammen ermöglichen Rückschlüsse auf den Wassergehalt, organische Anteile und Phasenumwandlungen. Die Messungen können sowohl unter Normalatmosphäre als auch unter Inertgase durchgeführt werden.[24]

Die Thermogravimetrie-Messungen erfolgten mit einem Gerät vom Typ STA 409C der Firma Netzsch (Selb). 15-20 mg einer Probe wurden in einem Korundtiegel von 20 auf 800 °C erhitzt und unter Stickstoffatmosphäre mit einer Heizrate von 5 $Kmin^{-1}$ gemessen. Eine Leermessung diente zur Auftriebskorrektur. Ausgewertet wurden die Messdaten mit der Software Protheus Analysis V4.08 der Firma NETZSCH (Selb).

2.5. Pulverdiffraktometrie

Zur Analyse kristalliner Pulverproben werden diese mit monochromatischem, parallelem Röntgenlicht bestrahlt und die dabei erhaltenen Beugungsreflexe detektiert und ausgewertet. Treffen diese Röntgenstrahlen mit einem Einfallswinkel θ auf die parallelen Netzebenen kristalliner Proben, so verursacht der Netzebenenabstand d einen Gangunterschied, welcher d sin(θ) entspricht (Abbildung 3).

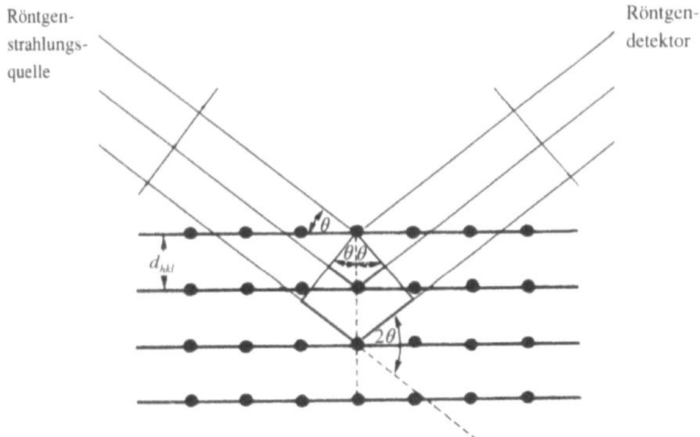

Abbildung 3: *Schematische Darstellung der „Beugung“ von Röntgenlicht an einem Gitter (modifiziert übernommen aus [25]).*

Bei der anschließenden Emission der Röntgenstrahlung durch die Atome, kommt es durch den Gangunterschied zu einer Interferenz. Eine konstruktive Interferenz (Interferenzmaximum) tritt auf, wenn der doppelte Gangunterschied einem ganzzahligen Vielfachen der Wellenlänge λ der Röntgenstrahlung entspricht, wie in der Bragg-Gleichung (Formel 4) beschrieben.

$$n\lambda = 2d\sin(\theta) \tag{4}$$

λ Wellenlänge der Röntgenstrahlen

d Netzebenenabstand

θ Eintrittswinkel

n Beugungsordnung mit n= 1, 2, 3, …

Die Pulverproben wurden in einem Diffraktometer mit Debye-Scherrer Geometrie gemessen. Der Röntgenstrahl durchdringt die Probe und trifft auf einen Detektor, der hinter der Probe angebracht ist (Abbildung 4). Ein Primärstrahlfänger hinter der Probe hält den Teil der Röntgenstrahlung ab, der die Probe ungebeugt durchdringt.

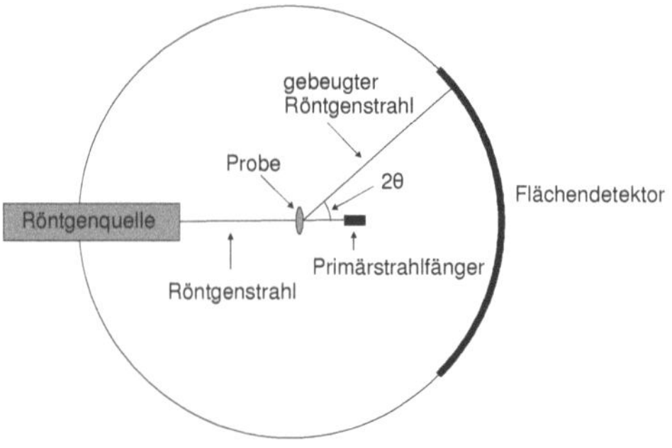

Abbildung 4: *Schematischer Aufbau eines Röntgenpulverdiffraktometers mit Debye-Scherrer Geometrie.*

Die statistische Anordnung der Kristallite und damit der Netzebenen in der Pulverprobe führt bei der Bestrahlung mit monochromatischer, paralleler

Röntgenstrahlung zu Beugungsmustern in Form von Kegelmanteln, deren Projektion auf eine Ebene konzentrische Kreise ergibt (Abbildung 5). Daraus zeichnet der Detektor einen linearen Ausschnitt durch den Mittelpunkt der Kreise auf. Das dabei entstehende Beugungsbild ist symmetrisch und kann zur Signalverbesserung gefaltet werden.[25, 26]

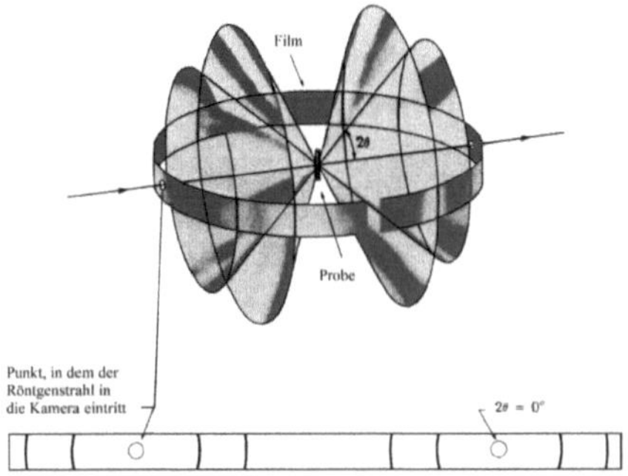

Abbildung 5: *Darstellung der Kegelmantel, die bei der Bestrahlung von polykristallinen Pulvern entstehen. Unten ist der kreisförmigem Ausschnitt dargestellt, der detektiert wird. (modifiziert übernommen aus [27])*

Aus den erhaltenen Beugungsmustern lässt sich die Kristallstruktur ableiten. Bei kleinen kristallinen Bereichen, wie sie unter anderem in Nanopartikeln vorkommen, unterliegen die Reflexe einer Verbreiterung. Die Bragg-Bedingung geht von einer unendlichen Zahl an parallelen Netzebenen aus, die bei kleinen Kristalliten mit ihrer geringeren Anzahl paralleler Netzebenen nicht vorhanden sind. Als Folge werden die Röntgenstrahlen, welche die Bragg-Gleichung nicht erfüllen, nicht vollständig ausgelöscht. Sie führen zu einer Verbreiterung der Reflexe und einer Reduzierung der Intensität. Aus der Halbhöhenbreite des Reflexes kann die Kristallitgröße nach der Scherrer-Gleichung (Formel 5) bestimmt werden:[28, 29]

$$D = \frac{K\lambda}{\beta \cos\theta} \qquad (5)$$

D Kristallitgröße in pm

K Formabhängige Konstante (für Kugel K = 0,89)

λ Wellenlänge der Röntgenstrahlung (hier λ = 154,04 pm)

β Halbhöhenbreite des Reflexes

θ Bragg-Winkel

Die Aufnahme der Pulverdiffraktogramme erfolgte mit einem Gerät vom Typ STADI-P der Firma STOE & CIE (Darmstadt), dessen Cu-Röntgenröhre "STOE Long Fine Focus PW 2783/00" mit 40 kV bei 40 mA betrieben wurde. Als Detektor war ein Image-Plate-Detektor der Firma STOE & CIE (Darmstadt) eingebaut. Für die Auswertung der Pulverdiffraktogramme stand die Software "Win-XPOW" (Ver. 2,12, Fa. STOE & CIE) zur Verfügung. Die Zuordnung der bekannten Phasen erfolgte mit Hilfe der Datenbank ICDD (International Centre for Diffraction Data).

2.6. Sorption

Sorption bezeichnet die Anreicherung beziehungsweise Anlagerung von Atomen, Molekülen oder Ionen in einer Phase oder an Grenz- und Oberflächen. Der Begriff umfasst Adsorption und Absorption. Absorption bezeichnet die Aufnahme in den absorbierenden Stoff, beispielsweise das Lösen von CO_2 in Wasser, sie wird im Folgenden nicht weiter betrachtet. Bei der Adsorption findet eine Anlagerung an der Oberfläche statt, zum Beispiel Wasserstoff an Platin. Der Adsorption liegen zwei Reaktionsmechanismen zugrunde: Physisorption und Chemisorption.

Bei der Chemisorption bildet sich eine chemische Bindung zwischen Adsorbat und dem Substrat aus. Dabei treten Bindungsenergien größer als 80 $KJmol^{-1}$ auf, welche einer Desorption entgegenwirken und eine Irreversibilität der Chemisorption verursachen. Für die Ausbildung einer chemischen Bindung zwischen dem Sorbat und dem Substrat ist ein direkter Kontakt nötig, deshalb können sich nur Monolagen bilden. Bei der Physisorption hingegen wirken Van-der-Waals-Kräfte mit der Oberfläche. Die dabei auftretenden Energien betragen weniger als 40 KJmol⁻¹. Dies ermöglicht eine Desorption und eine Reversibilität der Physisorption. Da Van-der-Waals-Kräfte auch zwischen den Sorbatmolekülen wirken können, ist die Bedeckung der Oberfläche bei der Physisorption nicht nur auf eine Monolage beschränkt. Die niedrigen wirkenden Energien bei der Physisorption führen zu einem Gleichgewicht zwischen Gasphase und sorbierter Phase, welches sich je nach herrschendem Druck und Temperatur einstellt. Bei höheren Drücken nimmt die Zahl der adsorbierten Molekülen zu und es bilden sich vermehrt Polyschichten.

Bei der Analyse der Adsorption wird daher meist die Zunahme des Adsorbates in Abhängigkeit des Druckes bei konstanten Temperaturen gemessen. Die dabei gemessenen Adsorptionsisothermen teilt man in verschiedene Typen ein (Abbildung 6). Sie lassen Rückschlüsse auf die Oberflächenbeschaffenheit und die Art der Wechselwirkung zwischen Adsorbat und Oberfläche zu.[19]

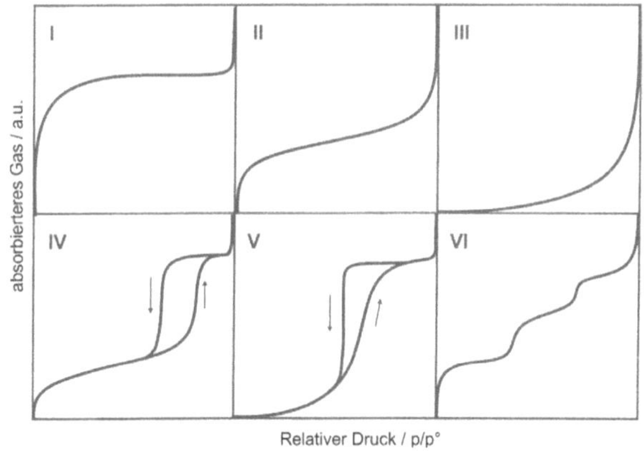

Abbildung 6: *Klassifikation der verschiedenen Adsorptionsisothermen.[30]*

Eine Isotherme vom Typ I tritt bei einer hohen Sorptionsenergie und der Bildung einer Monolage auf, was auf eine Chemisorption schließen lässt. Bei einer Polyschichtadsorption sind Isothermen vom Typ II und III zu beobachten. Während bei Isothermen vom Typ II die zwischen Oberfläche und Adsorbat wirkenden Energien stärker sind, als die Kräfte zwischen zwei Adsorbatmolekülen, sind diese bei Isothermen vom Typ III ähnlich stark. Handelt es sich um Proben mit mesoporösen Oberflächen, deren Porengrößen zwischen 2 nm und 50 nm liegen, entstehen Isothermen vom Typ IV und V. Die Hysterese entsteht durch eine Kondensation des Adsorbats in den Poren, das bei der Desorption erst bei niedrigeren Drücken wieder verdampft. Der stufenweise Aufbau der Isotherme vom Typ VI deutet auf eine einheitliche, nichtporöse Oberfläche hin.[31-33]

2.7. Brunauer-Emmett-Teller Analyse

Die von Brunauer, Emmett und Teller entwickelte und nach ihnen benannte Isotherme beschreibt den Typ II in Abbildung 6. Dabei wird von folgenden Annahmen ausgegangen: Das adsorbierte Gas beansprucht einen kugelförmigen Raum und hat die Koordinationszahl 12. Die Adsorptionsenthalpie ist für die erste Schicht am höchsten und fällt mit zunehmender Schichtzahl auf die Kondensationsenthalpie des Gases ab. Die höheren Adsorptionsschichten verhalten sich wie die entsprechende flüssige Phase. Dies lässt sich mit folgender Gleichung (Formel 6 und 7) beschreiben:

$$\frac{p}{V(p_0 - p)} = \frac{1}{KV_m} + \frac{p(K-1)}{p_0 KV_m} \qquad (6)$$

K BET Konstante

p_0 Gleichgewichtsdampfdruck

p Druck des adsorbierten Gases

V_m Oberflächensättigungskonzentration Monolage

V Adsorbiertes Volumen

mit

$$K = e^{-\frac{E_m - E_i}{RT}} \tag{7}$$

E_m Asdortpionsenthalpie Monolage

E_i Kondensationsenthalpie höhere Adsorptionsschichten

R Gaskonstante

T Temperatur

Die Analyse nach Brunauer, Emmett und Teller (BET-Analyse) dient zur Messung der spezifischen Oberflächen. Dabei wird Stickstoff bei 77,3 K auf der zu messenden Oberfläche adsorbiert, der Partialdruck des Stickstoffs über der Probe gemessen und mit dem Partialdruck ohne Probe verglichen. Aus diesen Werten kann die Menge des adsorbierten Stickstoffes bestimmt und daraus die adsorbierte Menge einer Monolage berechnet werden. Wird $p/V_i(p_0\text{-}p)$ gegen p/p_0 aufgetragen, erhält man eine Gerade mit der Steigung $(K\text{-}1)/KV_m$ und dem Ordinatenabschnitt $1/KV_{mono}$. Mit der für ein Stickstoffmolekül belegten Fläche auf der Oberfläche lässt sich dann die spezifische Oberfläche nach folgender Formel berechnen:

$$A_{BET} = \frac{V_m N_A A}{M_V m} \tag{8}$$

A_{BET} BET Oberfläche

V_m Volumen Monoschicht

N_A Avogadrozahl

A Molekülgröße auf Oberfläche

M_v Molvolumen Adsorbat

m Probengewicht

Des Weiteren kann bei bekannter Dichte der Probensubstanz ihr Partikeldurchmesser abgeleitet werden, wenn von nicht aggregierten, kugelförmigen und diskreten Feststoffpartikeln ausgegangen wird (Formel 9):

$$D = \frac{6}{A_{BET}\rho} \tag{9}$$

D Partikeldurchmesser

ρ Dichte der Probesubstanz

Für die BET-Analyse wurde das Gerät Belsorp mini der Firma BEL Japan Inc. (Osaka, Japan) verwendet. Als Spülgas diente Helium 5.0, als Adsorbat Stickstoff. Die Messungen erfolgten bei 77 K. Für die Auswertung der Isothermen stand die BEL-Analysis-Software Version 3.11.3 zur Verfügung.

2.8. Gravimetrisches Sorptionsmessgerät

Mit einem gravimetrischen Sorptionsmessgerät können Sorptionen mit verschiedensten Gasen unter hohen Drücken und Temperaturen gemessen werden (1-200 bar, 20-400 °C). Im Gegensatz zur BET-Methode wird beim gravimetrischen Sorptionsmessgerät die Gewichtszunahme der Probe während der Sorption gemessen und aus dieser Gewichtsänderung die adsorbierte Gasmenge berechnet. Zuerst werden die Masse der Probe und die des Probenbehälters bei einer Leer- und Probenmessung unter Vakuum bestimmt. Da sich bei Erhöhung des Druckes die Dichte des die Probe umgebenden Mediums ändert, ändert sich auch der Auftrieb der Probe und damit ihr Gewicht. Zur genauen Berechnung der adsorbierten Gasmenge ist deshalb eine Auftriebskorrektur nötig. Da der Auftrieb von der Dichte des verdrängten Gases und vom verdrängten Volumen abhängt, müssen diese Werte für jede Messung bei gleichem Druck und Temperatur bestimmt werden. Dies geschieht durch das Wiegen eines kalibrierten Metallzylinders mit bekannter Masse und Volumen. Aus der Differenz des gemessenen Gewichtes und der bekannten Masse des Metallzylinders kann dann sein Auftrieb und damit die Dichte des Gases bestimmt werden. Zur Auftriebskorrektur werden dann noch das Proben- und das Probenbehältervolumen benötigt. Beide Volumina werden mittels einer Auftriebsmessung unter Helium bestimmt, bei der angenommen wird, dass die Heliumadsorption an der Oberfläche vernachlässigbar ist.

Mit der Auftriebskorrektur, dem Probenvolumen und der gemessenen Gewichtsänderung der Probensubstanz während der Sorptionsmessung errechnet sich die Masse des an die Probe adsorbierten Gases mit nachfolgender Gleichung (Formel 10):[34]

$$m^A = \Delta m - m^{SC} - m^S + (V^{SC} + V^S + V^A)\rho(p,T,y) \qquad (10)$$

m^A	Gewicht Adsorbat
Δm	Gemessene Gewichtsänderung
m^{SC}	Gewicht Probengefäß
m^S	Gewicht Probe
V^{SC}	Volumen Probengefäß
V^S	Volumen Probe
V^A	Volumen Adsorbiertes Gas
$\rho(p,T,y)$	Dichte der Umgebung in Abhängigkeit von Druck, Temperatur und Art des Gases

Die typische Probenmasse für die Bestimmung der Stickstoff- und Kohlenstoffadsorption betrug etwa 200 mg. Gemessen wurde bei 50 °C an Proben, die zuvor 5 Stunden bei 10^{-3} mbar und 150 °C aktiviert wurden, um eine konstante Probenmasse zu erreichen. Zur Messung der Sorption stand ein gravimetrisches Sorptionsmessgerät der Firma Rubotherm (Bochum) zur Verfügung.

2.9. Dynamische Lichtstreuung

Mit der dynamischen Lichtstreuung (DLS) werden die hydrodynamischen Radien der in einer Suspension vorliegenden Partikel bestimmt. Dabei wird die Fluktuation der Teilchen gemessen und daraus die Größenverteilung einer Probe berechnet. Dies macht die DLS zu einer wichtigen Methode zur Bestimmung des Partikeldurchmessers, der Verteilung und der Aggregation.

Für die Auswertung ist zu beachten, dass die hydrodynamischen Radien der Partikel ermittelt werden, die sich aus den tatsächlichen Partikelradien und den adsorbierten Solvathüllen zusammensetzen. Für eine grobe Abschätzung der dadurch erhaltenen Durchmesserzunahme kann eine Monolage des Solvens angenommen werden.

Die Bewegung der Teilchen wird bei der DLS aus Intensitätsschwankungen des rückgestreuten Lichtes bestimmt. Da sich die einzelnen Teilchen, die als Ausgangspunkte für die Rückstreuung dienen, gegeneinander bewegen (Brown'sche Bewegung), ändert sich der Abstand der einzelnen Rückstreupunkte zueinander. Die reflektierten Wellen erfahren dadurch relativ zum Beobachter die vom Dopplereffekt bekannte Frequenzverschiebung. Bei ihrer Überlagerung entstehen sowohl konstruktive als auch destruktive Interferenzen. Aus der zeitlichen Änderung der ankommenden Signalstärke kann die Geschwindigkeit der Teilchen über eine Korrelationsfunktion relativ zueinander bestimmt werden. Hierbei wird in kleinen Zeitabschnitten die aktuelle Intensität mit der Intensität bei $t = 0$ verglichen. Die Korrelationsfunktion hat den Wert 1, wenn es gegenüber $t = 0$ keine Änderung gibt, diese entspricht einer perfekten Korrelation. Sie hat den Wert 0, wenn es keine Gemeinsamkeit mit $t = 0$ gibt (Abbildung 7). Je schneller sich die Teilchen bewegen, desto größer sind die Änderungen und damit der Abfall der Korrelationsfunktion.

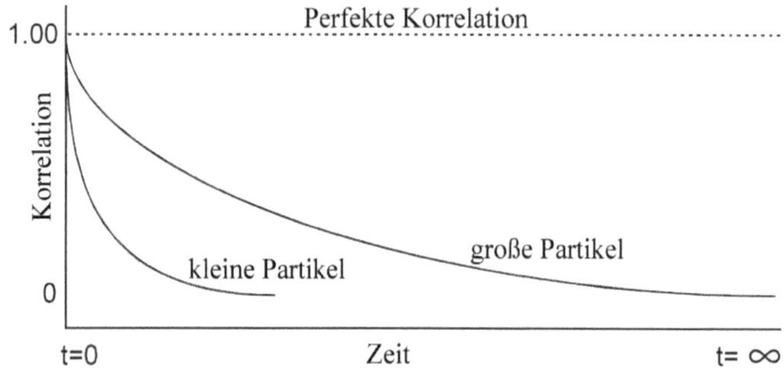

Abbildung 7: *Darstellung einer Korrelationsfunktion.*[35]

Aus der Teilchengeschwindigkeit kann die Teilchengröße berechnet werden, wenn die Viskosität des umgebenden Lösungsmittels bei der Messtemperatur bekannt ist. Hierzu verwendet man die Stokes-Einstein Beziehung für sphärische Partikel (Formel 11). [17, 26-27][23]

$$D_i = \frac{kT}{6\pi r_{Si}\eta} \qquad (11)$$

Di Diffusionskoeffizient

k Boltzmann-Konstante

T Temperatur

r_{Si} hydrodynamischer Radius der Partikel

η Viskosität des Lösungsmittels

Als Messgerät für die DLS diente ein Nanosizer ZS der Firma Malvern Instruments (Malvern England). Dieser verwendet einen He-Ne-Laser mit einer Wellenlänge von 633 nm, der Rückstreuwinkel beträgt 173° (Abbildung 8).

Abbildung 8: *Darstellung der Rückstreugeometrie bei der DLS.*[35]

Die Proben wurden in Einwegküvetten der Firma Sarstedt (Nümbrecht) vermessen und die Messdaten mit der Software „Dispersion Tech Software", Version 6.01, (Fa. Malvern Instruments, Malvern) mit Hilfe der Kumulantenanalyse ausgewertet, wobei sphärische Partikel angenommen wurden.

2.10. Infrarotspektroskopie

Bei der Infrarotspektroskopie (IR) werden Schwingungszustände von Molekülen durch infrarotes Licht mit einer Wellenlänge von 800 nm bis 1 mm angeregt. Dabei absorbieren die Moleküle einen Teil der Strahlung und gehen in einen höher energetischen Schwingungszustand über. Die aufgenommene Energie entspricht der Energiedifferenz der beiden Schwingungsniveaus. Sie ist nach Gleichung (Formel 12) direkt proportional zur Wellenzahl.

$$\Delta E = h\nu = \frac{hc}{\lambda} = hc\bar{\nu} \qquad (12)$$

E Energie

H	Plancksches Wirkungsquantum
λ	Frequenz der Strahlung
c	Lichtgeschwindigkeit im Vakuum
ν	Wellenlänge der Strahlung
$\bar{\nu}$	Wellenzahl der Strahlung

Die Wellenlänge wird als Wellenzahl λ^{-1} in der Einheit cm^{-1} angegeben; der umgerechnete Messbereich entspricht Werten von 12.500 cm^{-1} bis 10 cm^{-1}. Damit die elektromagnetische Strahlung einen Schwingungszustand anregen kann, muss sich deren Dipolmoment ändern. Eine Anregung kann also nur bei Molekülen erfolgen, deren Bindung ein Dipolmoment besitzt oder bei denen sich ein Dipolmoment induzieren lässt. Homonukleare Moleküle wie beispielsweise H_2, N_2 sind demnach nicht IR aktiv.

Aus den absorbierten Energien, in der IR-Spektroskopie Banden genannt, können Rückschlüsse auf Bindungstypen gezogen werden. Damit lassen sich unter anderem funktionelle Gruppen bei organischen Molekülen bestimmten Banden zuordnen und damit nachweisen.

Bei einem Fourier-Transformations-Infrarot-Spektrometer (FT-IR-Spektrometer) werden viele Schwingungen gleichzeitig angeregt und anschließend durch eine Fourier-Transformation Rechner gestützt in die Frequenz- beziehungsweise Wellenzahldomäne umgewandelt, was zu einem Geschwindigkeitsvorteil und, durch die höhere Signalintensität, zu einem besseren Signal zu Rauschverhältnis führt. Ein FT-IR-Spektrometer besteht im Prinzip aus fünf Bauteilgruppen: einer Infrarotquelle, einem Probenhalter, dem Michelson-Interferometer, einem Detektor und einer Rechner gestützten Signalverarbeitung. Der Lichtstrahl wird mittels eines Michelson-Interferometers (Abbildung 9) in ein Interferogramm umgewandelt. Dies geschieht, indem der Strahl durch einen Strahlenteiler in zwei Teile aufgeteilt wird und der eine Strahlenteil durch bewegliche Spiegel eine veränderbare Weglänge zurücklegt. Anschließend werden beide Strahlenteile vereinigt, die nun einen Gangunterschied aufweisen, wobei ein Interferogramm entsteht. Die Detektion erfolgt mittels eines Thermoelements.[23, 36-38]

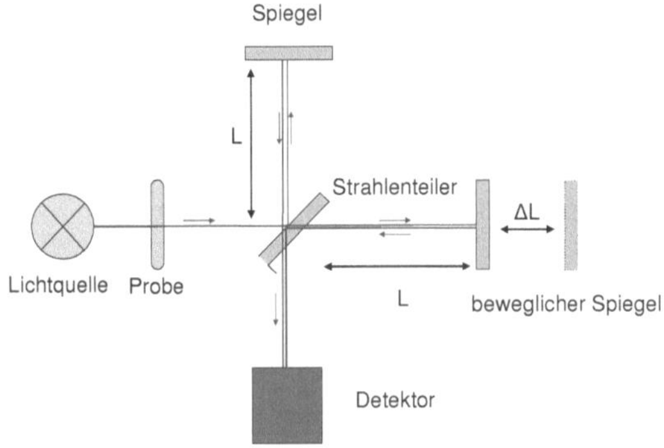

Abbildung 9: *Aufbau eines FT-IR-Spektrometers mit Michelson-Interferometer.*

Zur Aufnahme der IR-Spektren wurden die Proben mit KBr vermischt (400 mg KBr, 1 mg Probe), gemörsert und unter Vakuum bei 50 bar für 30 Minuten gepresst. Die Messungen erfolgten mit einem Gerät vom Typ Vertex 70 der Firma Bruker (Ettlingen) unter Stickstoffatmosphäre mit einer Auflösung von 4 cm^{-1}. Die Absorption von KBr wurde mittels eines Referenzpresslings ohne Probe ermittelt und die Probenmessung entsprechend korrigiert. Die Auswertung erfolgte mit der Software Opus der Firma Bruker (Ettlingen).

2.11. Optische Spektroskopie

Bei der optischen Spektroskopie, auch UV-Vis Spektroskopie genannt, werden Moleküle mit elektromagnetischen Wellen im ultravioletten (UV) und sichtbaren (*Englisch* visible,VIS) Bereich des Lichtspektrums (λ=200-800 nm) angeregt. Hierbei kommt es zu einer Photonenabsorption durch die Probe, welche eine Anregung der Valenzelektronen zur Folge hat. Entspricht die Energie des absorbierten Photons genau der Energiedifferenz zwischen zwei elektronischen Zuständen, können Elektronen aus dem Grundzustand in den angeregten Zustand überführt werden.

Dieser Übergang ist nur anregbar, wenn er folgende Auswahlregeln erfüllt:

- Die Parität darf sich bei Übergängen zwischen zwei Orbitalen nicht ändern (Laporte-Regel).
- Der Gesamtspin muss erhalten bleiben; Übergänge zwischen verschiedenen Spinmultiplizitäten sind verboten.
- Bei Übergängen zwischen zwei Orbitalen müssen diese überlappen und ähnliche Symmetrie und Größe haben.

UV-Vis-Spektren erlauben Aussagen über Bandlücken, Absorptionskanten, Farbe und Struktur der gemessenen Proben.

Ein UV-Vis-Spektrometer besteht aus einer Strahlungsquelle, einem Strahlenteiler und dem Detektor. Das Licht wird über einen Kollimatorspiegel gebündelt, durch einen Eintrittsspalt auf ein als Monochromator wirkendes Gitter gerichtet, mit einem Strahlenteiler aufgeteilt, durch die Probe beziehungsweise die Referenz geführt und anschließend mit einem Photomultiplier detektiert.[36-39]

Zur Analyse von Pulverproben kann man UV-Vis Spektren auch in Reflexion anfertigen. Dabei wird der von der Probe nicht absorbierte Teil des eingestrahlten Lichts ausgewertet. Zur Messung von Pulverproben wird eine Ulbrichtkugel (Abbildung 10) eingesetzt. Hierbei handelt es sich um eine Hohlkugel, deren innere Oberfläche mit einem diffus reflektierenden Material wie Bariumsulfat oder optischem Polytetrafluorethylen (Spectralon) beschichtet ist. Gelangt diffuse Strahlung von der Probe in die Kugel, wird sie darin solange reflektiert, bis sie durch eine kleine Öffnung die Kugel verlässt und auf den Detektor gelangt.[37]

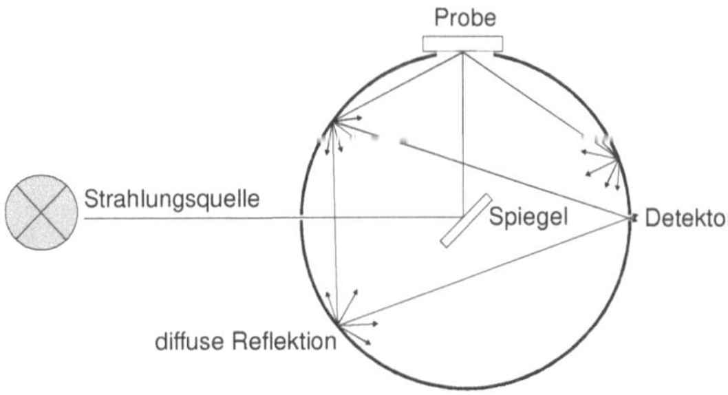

Abbildung 10: *Funktionsweise einer Ulbrichtkugel.*

In dieser Arbeit wurden die Spektren in Reflexion an Pulverproben aufgenommen. Die Aufnahme der Spektren erfolgte mit einem Spektrometer vom Typ Cary 100 der Firma Varian (Darmstadt), die Auswertung mit der Software Cary Scan derselben Firma.

Zur Messung wurden ca. 200 mg trockene Probe gemörsert, in einen zylindrischen Pulverhalter gegeben und mit einer Quarzglasscheibe verschlossen. Die Glasscheibe lag plan auf der Probe. Die Probe wurde unter einem Winkel von 8° in den Strahlengang gebracht und das reflektierte und diffus gestreute Licht mit Hilfe einer Integrationskugel DRA-CA-30I der Firma Labsphere (Wessling), gebündelt. Als Weißstandard wurde Bariumsulfat mit spektroskopischer Reinheit verwendet.

2.12. Messung der photokatalytischen Aktivität

Die Messung der photokatalytischen Aktivität dient dazu, die katalytische Wirksamkeit einer Substanz beim Abbau von Farbstoffen zu bestimmen. Eine dafür vielfach eingesetzte Methode ist der Abbau von Farbstoffen bei Bestrahlung mit simuliertem Tageslicht oder UV-Licht. Häufig wird die Entfärbung des Farbstoffes Methylenblau (Abbildung 11)[30] gemessen, weil Methylenblau wegen seines leicht erkennbaren Farbumschlags von blau nach farblos einen guten Indikator darstellt. Die Verwendung von Methylenblau darf allerdings nicht kritiklos erfolgen, denn alternativ zur blauen Form existiert noch die farblose Leukoform.

Die Entfärbung der Probenlösung durch die Bestrahlung kann deshalb nicht zwangsläufig dem katalytischen Abbau zugeordnet werden, es kommt dafür auch nur die Umwandlung in die Leukoform in Frage. Sicherheit über die erfolgte Reaktion erhält man erst, wenn die Probe nach Ende der Reaktion den farblosen Zustand beibehält.

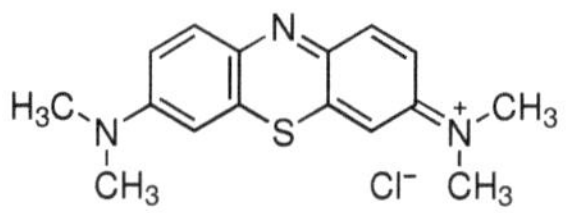

Abbildung 11: *Methylenblau*

Problematisch bei der Messung der photokatalytischen Aktivität ist die Tatsache, dass ein standardisiertes Messverfahren nicht existiert, was einen Vergleich der gemessenen Werte mit Literaturangaben erschwert. Zur Einschätzung der photokatalytischen Aktivität wird deshalb gegen eine Referenz gemessen. In der vorliegenden Arbeit diente Degussa P25 (Titandioxidnanopartikel, durchschnittliche Partikelgröße 21 nm, agglomeriert zu ca. 300 nm großen Agglomeraten) als Vergleichssubstanz.[40]

Für die Messung der Probe wurde der in Abbildung 12 skizzierte, im Arbeitskreis Feldmann entwickelte Messaufbau verwendet. Die Probe wurde in ein Becherglas gegeben und mit simuliertem Tageslicht belichtet, welches mittels Lichtwellenleiter von einer Halogenlampe auf die Suspension geleitet wurde. Rühren der Suspension, während der Messung, verhinderte Konzentrationsschwankungen. Eine Peristaltikpumpe pumpte die Suspension in einem Kreislauf vom Belichtungsgefäß durch die Durchflussküvette und anschließend wieder in das Belichtungsgefäß. Die Aufzeichnung der

Methylenblaukonzentration erfolgte mittels eines UV-Vis-Spektrometers mit Durchflussküvette an der maximalen Absorption von Methylenblau bei 664 nm.

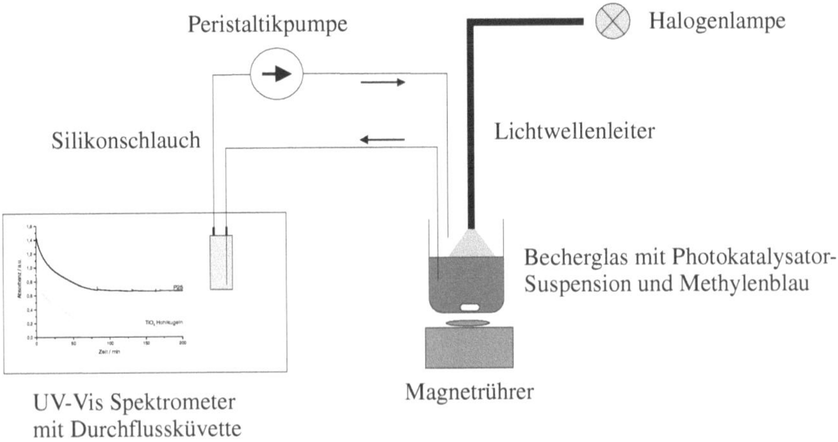

Abbildung 12: *Messaufbau zur Bestimmung der photokatalytischen Aktivität.*

Die abfallende Methylenblaukonzentration wird gegen die Zeit aufgetragen und die kinetischen Konstanten werden mittels der Software Cary Kinetics berechnetet.

Zur Durchführung der Messung wurden 25 ml Suspension verwendet. Die Suspension bestand aus 0,1 mg / ml suspendiertem Katalysator und 0,00652 mg/ml gelöstem Methylenblau in destilliertem Wasser. Als Lichtquelle diente eine Glasfaserlampe (Typ KL 1500 LCD Schott, Mainz) mit einer 150 Watt Halogenbirne (Typ HLX 64634 Xenophot 15 Volt, Osram, Augsburg) mit einer Lichttemperatur von 3300 Kelvin. Als UV-Vis Spektrometer fand ein Cary Scan 100 (Varian, Darmstadt) Verwendung, die Absorption wurde bei 664 nm gemessen. Zur Auswertung der Messdaten stand die Software Cary Kinetics von Varian (Darmstadt) zur Verfügung.

2.13. Fluoreszenzspektroskopie

Die Fluoreszenzspektroskopie dient zur Untersuchung von fluoreszierenden Proben. Mit ihr kann man die Emission einer fluoreszierenden Probe in Abhängigkeit von ihrer Anregung untersuchen. Dabei können sowohl die anregende als auch die gemessene Wellenlänge variiert werden. Somit ist es möglich, bei Anregung mit einer Wellenlänge den kompletten Emissionsbereich der Probe zu messen oder bei einer definierten emittierten Wellenlänge ihre Intensität in Abhängigkeit von der anregenden Wellenlänge zu bestimmen.

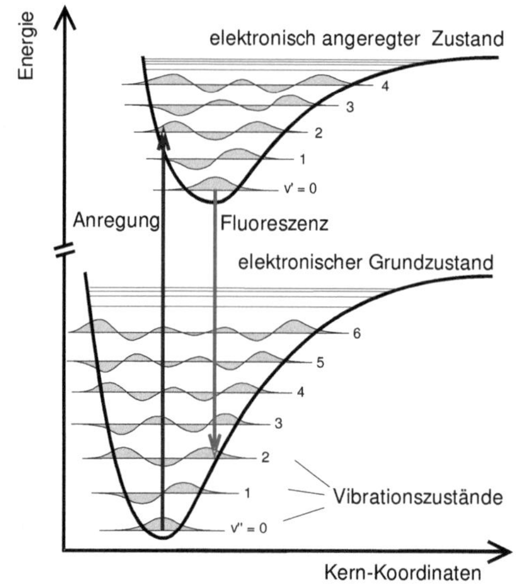

Abbildung 13: *Vereinfachte Darstellung eines Fluoreszenzprozesses (modifiziert übernommen aus [41]).*

Wird eine Verbindung mit Licht angeregt, geht diese vom elektronischen Grundzustand in einen angeregten elektronischen Zustand über (Abbildung 13), welcher einen größeren Kern-Kern-Gleichgewichtsabstand besitzt. Da sich Atomkerne deutlich langsamer bewegen als Elektronen, können sie diesen Abstand nicht so schnell erreichen. Das Molekül wird deshalb zusätzlich in einen ausgelenkten Vibrationszustand versetzt (Franck-Condon-Prinzip). Anschließend relaxiert der angeregte Vibrationszustand strahlungslos in den Vibrationsgrundzustand des angeregten elektronischen Niveaus. Von diesem findet ein Übergang, unter Abgabe der Energiedifferenz in Form von Licht, in den elektronischen Grundzustand statt. Da Teile der Anregungsenergie durch die Relaxation der angeregten Vibrationszustände abgebaut werden, ist die emittierte Strahlung gegenüber der Anregungsstrahlung zu größeren Wellenlängen hin verschoben, dies entspricht einer Rotverschiebung des Lichts (Stokes Shift).[42-44]

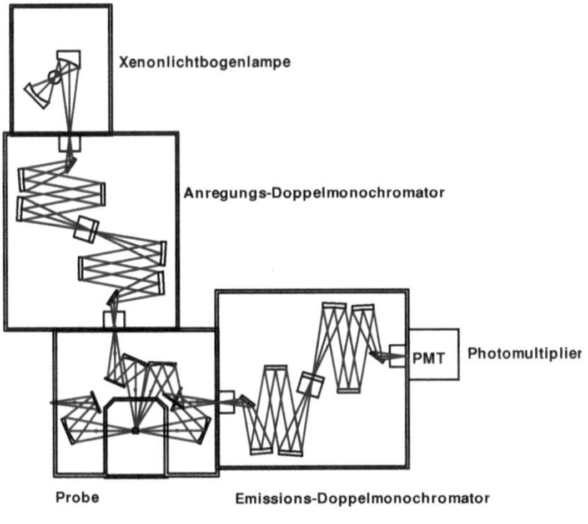

Abbildung 14: *Aufbau des Fluorolog FL3-22 Fluoreszenzspektrometers (modifiziert übernommen aus[45]).*

Abbildung 14 zeigt den schematischen Aufbau des als Fluoreszenzspektrometer verwendeten Fluorolog FL3-22. Als Lichtquelle wird eine Xenon-Lichtbogenlampe eingesetzt. Die Anregungsstrahlung wird monochromatisiert und trifft auf die Probe. Anschließend erfolgt die Messung der Emissionstrahlung im rechten Winkel zur einfallenden Anregungsstrahlung mithilfe eines Photomultipliers. Zwischen Photomultiplier und Probe ist ein Monochromator zur Selektion der gemessenen Emissionswellenlänge geschaltet.[45]

Die pulverförmigen Proben wurden gemörsert, in einen Probenhalter mit einer kreisförmigen Vertiefung mit einem Durchmesser von 10 mm gegeben, mit einem Stempel zu einer festen Tablette gepresst und in diesem Probenhalter vermessen.

Die Fluoreszenzspektren wurden mit einem Fluorolog 3 FL3-22 Fluoreszenzspektrometer der Firma HORIBA Jobin Yvon (Paris) aufgenommen und mit der FluorEssence Software Version 2.5.2.0 derselben Firma bearbeitet. Dabei diente eine 450 W Xenon-Lichtbogenlampe der Firma Ushio (Japan) als Lichtquelle. Als Monochromator wurde ein drehbares Czerny-Turner-Beugungsgitter mit 1200 Rillen / mm und als Detektor ein Photomultiplier R928P eingesetzt.

3. Synthesemethoden

3.1. Mikroemulsionsmethode

Die Mikroemulsionsmethode ist ein zum Herstellen von Nanopartikeln häufig eingesetztes Verfahren. Zum Verständnis dieser Methode sind grundlegende Kenntnisse über Emulsionen notwendig.

Emulsionen

Eine Emulsion ist eine tröpfchenförmige Verteilung einer Flüssigkeit in einer zweiten, die mit der ersten nicht mischbar ist, beispielsweise Öl in Wasser. Die tröpfchenbildende Phase bezeichnet man als dispergierte Phase, die andere als Dispersionsmittel. Je nachdem, welche Phase im Überschuss vorliegt, entsteht eine Wasser-in-Öl oder eine Öl-in-Wasser-Emulsion. Durch die Vergrößerung der Grenzfläche und der dadurch verminderten Wechselwirkung der Teilchen ergibt sich eine erhöhte Grenzflächenergie. Deshalb stellt eine Emulsion einen thermodynamisch instabilen Zustand dar. Nach kurzer Zeit tritt spontan Entmischung ein. Emulsionen können durch Tenside stabilisiert werden, dabei erhält man so genannte geschützte Emulsionen, die thermodynamisch instabil, jedoch kinetisch stabilisiert sind. Eine spontane Entmischung tritt nicht auf.[46]

Öl, Wasser und Tenside bilden ein Dreikomponentensystem, welches durch ein dreidimensionales Phasendiagramm beschrieben werden kann. Sind die Tröpfchen in einer Emulsion größer als 1 µm, so spricht man von einer Makroemulsion. Von einer Mikroemulsion spricht man dagegen bei Tröpfchengrößen kleiner als 100 nm. Mikroemulsionen sind im Gegensatz zu Makroemulsionen optisch transparent oder opaleszent. Da die Wellenlängen des sichtbaren Lichtes deutlich größer als die Größe der Mizellen (siehe unten) sind, findet an diesen keine Streuung statt.[19, 23]

Tenside

Als Tenside bezeichnet man amphiphile Verbindungen mit einem hydrophoben und einem hydrophilen Molekülteil. Als hydrophiler Teil werden polare Gruppen, z. B. Carboxylgruppen, tertiäre Ammoniumverbindungen oder Polyethylenglycole verwendet, als hydrophober Teil meist langkettige Alkylketten. Man unterscheidet zwischen anionischen, kationischen, amphoteren und nichtionischen Tensiden. Typische anionische Tenside sind Kernseifen (Natriumsalze von Fettsäuren) und Alkylsulfonate. Als kationische Tenside werden meist tertiäre Ammoniumsalze verwendet, z. B. Hexadecyltrimethylammoniumbromid (CTAB). Nichtionische Tenside tragen unter neutralen Bedingungen keine Ionenladung. Als hydrophile Kopfgruppen können hier Polyethylenglycole, Aminoxide oder Polysaccharide verwendet werden. Amphotenside weisen sowohl einen kationischen als auch einen anionischen Teil in der Kopfgruppe auf. Dadurch können in bestimmten pH-Bereichen innere Salze gebildet werden, was eine drastische Verringerung der tensidischen Eigenschaften zur Folge hat.[37]

Zur Bildung von Mikroemulsionen kann man drei verschiedene Arten von Tensidsystemen verwenden:

- nichtionische Tenside
- ionische Tenside mit zwei unpolaren Alkylresten
- ionische Tenside und mittelkettige Amine oder Alkohole als Cotenside

Die Zugabe von Cotensiden vermindert die Abstoßungskräfte von Ionenladungen und erhöht damit den Spreitungsdruck. In der vorliegenden Arbeit wurde ein System aus Tensiden und Cotensiden verwendet. Als Tensid kam Hexadecyltrimethylammoniumbromid zum Einsatz, als Cotensid Hexanol.[19, 23, 47]

Mizellen

Bei Zugabe eines Tensids zu einem unpolaren Lösungsmittel orientieren sich die unpolaren Gruppen zu den Lösungsmittelmolekülen hin, die polaren Gruppen von den Lösungsmittelmolekülen weg. Dabei wird als Erstes die Oberfläche besetzt, was die Oberflächenspannung des Lösungsmittels verringert. Bei polaren Lösungsmitteln richten sich die Tensidmoleküle genau entgegengesetzt aus. Bei weiterer Tensidzugabe bilden sich kleine Einheiten, sogenannte Mizellen. Dabei sind die zur umgebenden Phase abstoßenden Molekülabschnitte in das Innere der Mizelle gerichtet. Zeigen die unpolaren Gruppen nach außen, so spricht man von einer inversen Mizelle. In diesen, im inneren leeren Mizellen kann nun das zugegebene polare Lösungsmittel angereichert werden. In Öl-in-Wasser Mikroemulsionen wird dagegen die unpolare Phase angereichert (Abbildung 15).

Die mit unpolarer Phase gefüllten Mizellen werden auch als o/w (Öl-in-Wasser) Emulsionen, die mit polarer Phase gefüllten Mizellen als w/o (Wasser-in-Öl) Emulsionen bezeichnet.

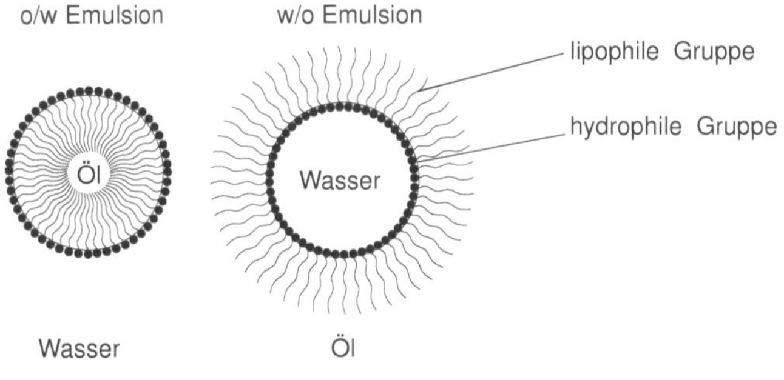

Abbildung 15: *Schematischer Aufbau einer normalen (links) und einer inversen Mizelle (rechts).*

Bei höheren Tensidkonzentrationen kommt es zur Überstrukturbildung. Dabei bilden sich Schichtstrukturen aus, bei denen sich abwechselnd polare und unpolare Molekülabschnitte der Tensidmoleküle überlagern, beispielsweise in

Form von mehrschichtigen Schalen um eine Mizelle, so genannte Vesikel, oder in Form von mehrschichtigen Röhrchen (Abbildung 16).

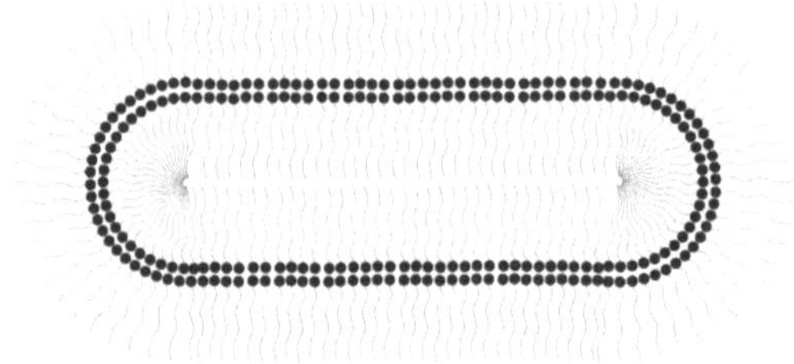

Abbildung 16: *Darstellung eines Vesikels.*

Mikroemulsionen

Um eine Mikroemulsion zu erhalten, kann ein Vierkomponentensystem aus Öl, Wasser, Tensid und einem Cotensid verwendet werden. Mikroemulsionen sind im Gegensatz zu Makroemulsionen thermodynamisch stabil. Aufgrund dieser thermodynamischen Stabilität bilden sich Mikroemulsionen spontan und weisen ein reversibles Temperaturverhalten auf. Das bedeutet, dass sich eine bis zur Phasenseparation erhitzte Mikroemulsion bei Abkühlung zurückbildet. Bei Makroemulsionen ist dies nicht der Fall.

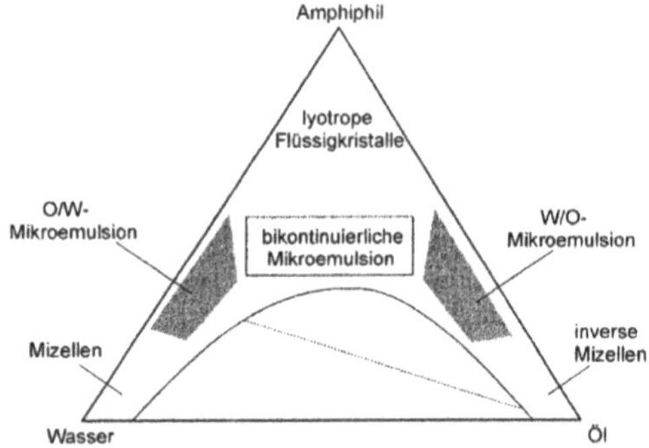

Abbildung 17: *Quasi-ternäres Phasendiagramm eines Vierkomponenten-Systems.*[19]

Das Vierkomponentensystem kann als quasi-ternäres System im Phasendreieck dargestellt werden, wenn man das Verhältnis zweier Komponenten zueinander als konstant betrachtet. In Abbildung 17 wird das Verhältnis Tensid/Cotensid als konstant angenommen und als Amphiphil aufgetragen. Die linken und rechten grau schattierten Felder links und rechts im Phasendiagramm zeigen die Existenzbereiche an, in denen sich Mikroemulsionen bilden. In der dazwischen liegenden bikontinuierlichen Phase bildet sich ein schwammartiges System aus nebeneinander liegenden, fluktuierenden Wasser- und Öldomänen. Ist die Konzentration der Amphiphile geringer als in einer Mikroemulsion vorhanden, bilden sich Emulsionen mit Mizellen. Sind mehr Amphiphile enthalten, entstehen lyotrope Flüssigkristalle.

Die Mizelle einer Mikroemulsion wird von Tensiden und Cotensiden begrenzt (Abbildung 18). Durch die niedrige Oberflächenspannung und die hohe Dynamik der Mikroemulsionen werden Stoffaustauschprozesse beschleunigt. Deshalb können Mikroemulsionen anstelle von Phasentransferkatalysatoren verwendet werden. Die Größenverteilung der Mizellen in Mikroemulsionen ist sehr eng.[19, 23, 48]

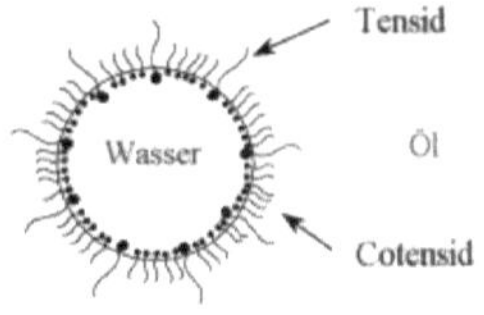

Abbildung 18: *Darstellung einer inversen Mizelle einer Wasser in Öl Mikroemulsion.*[49]

Synthese von Nanopartikeln in Mikroemulsionen

Für die Mikroemulsionsmethode wird in der vorliegenden Arbeit eine w/o Mikroemulsion verwendet. Grundlage der Reaktion in einer Mikroemulsion ist die Koaleszenz zwischen den Mizellen. Beim Verschmelzen zweier Mizellen zu einer großen Mizelle vermischen sich die Inhalte beider Mizellen, so dass die Edukte miteinander reagieren. Anschließend trennen sich die Mizellen wieder. Sind in den beiden beteiligten Mizellen unterschiedliche Stoffe gelöst, die beim Zusammentreffen zu einer Fällungsreaktion führen, so findet diese Fällung in der Mizelle statt (Abbildung 19). Durch die Mikroemulsionsmethode werden minimale Mengen der Edukte zusammengeführt und es entstehen nanoskalige Partikel. Weiteres Partikelwachstum wird durch die Belegung der Oberfläche mit Tensiden und der geringen vorhandenen Eduktmenge verhindert.

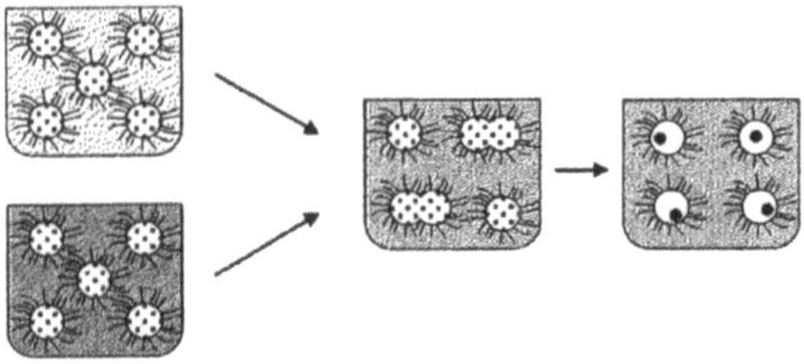

Abbildung 19: *Schematische Darstellung des Reaktionsverlaufes beim Mischen zweier Mikroemulsionen.*[19]

Nach der Teilung einer großen Mizelle in zwei kleine werden die kleinen Mizellen durch den Marangoni-Effekt stabilisiert. Unter dem Marangoni-Effekt versteht man die Verteilung der vorhandenen Tensidmoleküle auf den noch unbedeckten Teil der Mizelle, so dass dieser wieder bedeckt wird. Triebkraft ist dabei ein Oberflächenspannungsgradient zwischen mit Tensiden besetzter und unbesetzter Oberfläche. Dies führt zu einer wieder vollständig stabilisierten Mizelle.[19, 37, 49, 50]

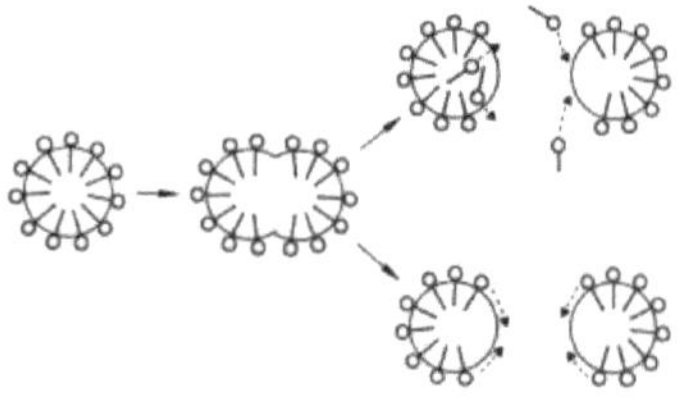

Abbildung 20: *Stabilisierung nach Aufspaltung einer Mizelle, oben durch neue Tenside aus der umgebenden Phase, unten durch den Marangoni Effekt.*[50]

Die erhaltenen Nanopartikel werden anschließend mittels Zentrifugation oder Sedimentation von der Mikroemulsion getrennt und gewaschen. Falls die Nanopartikel von der Mikroemulsion zu gut stabilisiert werden, wird die Mikroemulsion durch Zugabe einer polaren Phase zerstört. Anschließend können die Partikel abgetrennt werden.[23]

3.2. Synthesestrategien zu nanoskaligen Hohlkugeln

Zur Synthese nanoskaliger Hohlkugeln lassen sich in der Literatur verschiedene Verfahren finden. Im nachfolgenden Text werden die bekanntesten kurz erläutert.

Bei der Hohlkugelsynthese mittels Hard-Template-Methode werden nicht agglomerierte Nanopartikel eingesetzt (Abbildung 21). Diese dienen in der Synthese als Form für den Hohlraum der Hohlkugeln, als sogenanntes Templat. Ein wichtiges Kriterium des Templats ist die chemische Kompatibilität mit dem Material der aufzubauenden Hohlkugelhülle. Diese ist entweder durch die Wahl des Templatmaterials oder mit einer entsprechenden Funktionalisierung zu erreichen. Im nächsten Syntheseschritt wird eine Schicht als Schale auf die Nanopartikel angelagert, so dass man Kern-Schale-Partikel erhält. Zur Synthese von Hohlkugeln wird der Kern entfernt. Dies geschieht je nach Art des Templates mit unterschiedlichen Methoden. Bei den häufig eingesetzten Polymeren bieten sich organische Lösungsmittel oder ein thermisches Zerstören an. Anorganische Template, wie beispielsweise Siliciumdioxid, werden mittels Flusssäure oder Metallnanopartikel mit oxidierenden Säuren entfernt. Eine besonders elegante Methode ist das Anlagern eines edlen Metalls, wie beispielsweise Gold, auf ein unedles Metallnanopartikel. Durch die bei der Abscheidung der Hülle ablaufende Redoxreaktion wird das Templat oxidiert und somit während der Schalenbildung entfernt.

Abbildung 21: *Syntheseroute Hard-Template-Methode.*

Eine weitere Syntheseroute zur Darstellung nanoskaliger Hohlkugeln bedient sich des Effekts der Kirkendall-Reifung (Abbildung 22). Ausgegangen wird auch hier von Nanopartikeln, bei denen durch geeignete Maßnahmen, beispielsweise durch Tempern, eine Phasenumwandlung hervorgerufen wird. Voraussetzung ist, dass die Zielphase eine höhere Dichte als die Ausgangsphase aufweist. Bei äußerer Induktion der Phasenumwandlung entsteht aufgrund der Materialverdichtung ein Hohlraum in der Mitte der Partikel. So können beispielsweise Oxid-Hohlkugeln durch die Umwandlung von Hydroxid-Nanopartikel zu Oxid-Nanopartiklen entstehen.[8, 11]

Abbildung 22: *Syntheseroute Kirkendall-Reifung.*

Zur Synthese nanoskaliger Hohlkugeln können auch Moleküle, Tenside oder Mizellen in Form von Mini- oder Mikroemulsionen als Template eingesetzt werden.[10, 39]

Eine von Zimmermann im Arbeitskreis Feldmann entwickelte Methode ist die Synthese von Hohlkugeln mittels Mikroemulsion.[51, 52] Dazu wird ein hydrolyseempfindliches Edukt in die unpolare Ölphase der Mikroemulsion gegeben. Das Edukt muss sich in der unpolaren Phase der Mikroemulsion lösen und darf nicht mit dieser in Reaktion treten. Das Edukt wird durch Diffusion an die Mizelle herangeführt und reagiert an der Mizellengrenze mit dem Wasser der polaren Phase (Abbildung 23). Dabei entsteht eine Oxidschicht bzw. eine Hydroxidschicht. Wenn die Reaktion langsam genug und gleichmäßig aus allen Raumrichtungen der Mizelle erfolgt, entstehen Hohlkugeln bzw. mit polarer Phase gefüllte Kugeln. Die Schwierigkeit besteht darin, alle Reaktionsparameter entsprechend zu wählen. Eine leicht modifizierte Variante ist die Reaktion zweier Edukte an der Phasengrenze, beispielsweise durchgeführt mit einem in der unpolaren Phase löslichen Kupferkomplex ($[Cu(PPh_3)_2)]Cl$) der mit Schwefelwasserstoff, welcher aus Thioharnstoff in der polaren Phase gebildet wird, reagiert. Dabei entstehen Kupfersulfid-Hohlkugeln.[53]

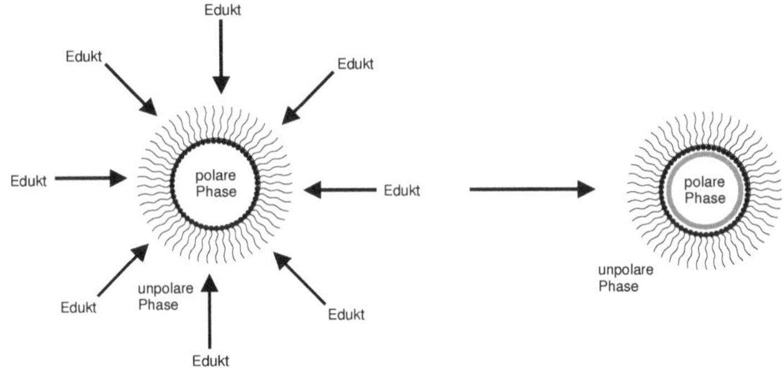

Abbildung 23: *Hohlkugelsynthese mittel Mikroemulsionsmethode.*

4. Ergebnisse und Diskussion

4.1. Verwendete Chemikalien

Substanz	Lieferant	Reinheit
Bariumsulfat	Aldrich	99+ % für Spektroskopie
Calciumchlorid	Riedel de Haën	98 %
Dodecan	Aldrich	≥ 99 %
Dodecan Isomerengemisch	Acros	99 %
Eisen(III)nitrat	Riedel de Haën	98 %
Ethanol	Seulberger	95 %
Gelatine, Rinderhaut	Aldrich	keine Angabe
gelbes Blutlaugensalz	Fluka	> 98 %
Hexadecyltrimethylammoniumbromid	Aldrich	95 %
Kaliumbromid	Aldrich	99+ % (für IR)
Methylenblau	Fluka	99 %
Natriumcarbonat	Riedel de Haën	98 %
Titan-n-butanolat	ABCR	97 %
Titantetrachlorid	ABCR	99,8
Zirconiumtertbutanolat	ABCR	99 %

4.2. Gelatine-gefüllte Mikroemulsion

4.2.1. Eigenschaften der Gelatine

Gelatine hat eine hervorragende Biokompatibilität und ist das einzige Hydrokolloid, das einen reversiblen, temperaturabhängigen Sol/Gel-Übergang besitzt.[54] Deshalb finden Gelatinenanopartikel als Container zum Wirkstofftransport in der Pharmazie Verwendung. Hierzu wird der Wirkstoff in die Gelatine eingebracht und als Nanopartikel gefällt oder alternativ von Gelatine umhüllt.[55, 56]

4.2.2. Literaturübersicht und Motivation

Arbeiten mit Gelatine als Templat zur Hohlkugelsynthese finden sich in der Literatur vereinzelt, beispielsweise Gd_2O_3 Hohlkugeln mit einem Durchmesser > 200 nm.[57, 58] In der zitierten Synthese wurden zuerst die Gelatinetemplate hergestellt und anschließend die Hülle durch Auftrocknen eines in Lösungsmittel gelösten Precursors erzeugt oder alternativ mittels eines Sol-Gel Prozesses synthetisiert.[59] Bei weiteren Arbeiten, die Hohlkugeln mittels Gelatine als Templat synthetisieren, entstanden solche mit Durchmesser im Mikrometerbereich.

Gelatine schien deshalb als Hilfsmittel für die Synthese von Hohlkugeln sehr geeignet zu sein. Ausgangspunkt war die Überlegung, die Viskosität der polaren Phase zu erhöhen, um damit das Kristallwachstum in das Innere der Mizelle zu unterbinden und auf diese Weise das Entstehen von Hohlkugeln zu erzwingen. Im Rahmen der vorliegenden Arbeit wurde daraus als weitere Variante zur Synthese von nanoskaligen Hohlkugeln die Gelatine-gefüllte Mikroemulsionsmethode entwickelt.

4.2.3. Herstellung und Charakterisierung

Bei der Methodenentwicklung wurden zunächst eine Vielzahl an viskositätserhöhenden Substanzklassen untersucht, beispielsweise wässrige Lösungen von Agar-Agar, Alginat, Pektin und Stärke, die aber alle zu keiner stabilen Mikroemulsion führten.

Mit einer wässrigen Polyvinylpyrrolidon (PVP)-Lösung konnte zwar eine stabile Mikroemulsion erzeugt werden, allerdings führte die darauf folgende Synthese zu keinen Hohlkugeln, sondern zur Bildung wabenartiger Strukturen. In der HR-TEM-Aufnahme (Abbildung 24) sind die organischen Plättchen aus PVP zu erkennen, an denen sich die Titandioxid-Partikel angelagert haben.

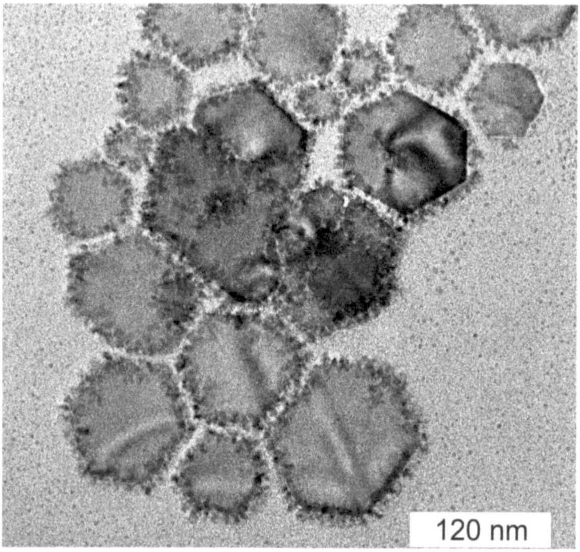

Abbildung 24: *HR-TEM-Aufnahme der PVP-Titandioxid-Partikel.*

Zur Bildung einer stabilen Mikroemulsion muss das Gelatine-Sol mit der eingesetzten Seife kompatibel sein. Die eingesetzte Seife, Hexadexyltrimethylammoniumbromid (CTAB), ist ein kationisches Tensid, deren Ionen von positiv geladenen Partikeln im Sol abgestoßen werden. Die im Sol kolloidal verteilten Partikel müssen deshalb bei dem pH-Wert 7, der in der Mikroemulsion vorliegt, eine negative Ladung besitzen. Dafür entscheidend ist der isoelektrische Punkt der verwendeten Gelatine.

Die Untersuchungen zeigten, dass lediglich eine kolloidale Lösung der Rindergelatine, die als Typ B vorliegt, zu einer funktionierenden Methode führt, da ihr isoelektrischer Punkt bei pH 5 liegt (Abbildung 25).[60] Unter den herrschenden Bedingungen einer Mikroemulsion entsteht eine negative Ladung, weshalb es nicht zu einer Abstoßungsreaktion mit dem Tensid kommt.

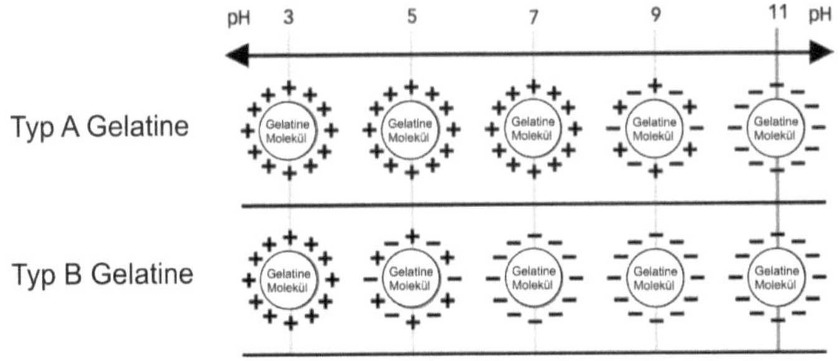

Abbildung 25: *Vergleich der isoelektrischen Punkte der beiden Gelatinetypen (modifiziert übernommen* aus **[60]***).*

Bei Schweinegelatine, die als Typ A vorliegt, befindet sich der isoelektrische Punkt bei pH 9. Sie trägt unter den Bedingungen der Mikroemulsion eine positive Ladung[60] und führt daher bei einem positiv geladenen Tensid zu einer Abstoßung und damit zu einer Destabilisierung der Mikroemulsion.

Gelatine Typ A und Typ B unterscheiden sich in der Art der Herstellung. Bei Typ A wird das Kollagenrohmaterial mit Säure aufgeschlossen, wobei die seitlichen Säureamidgruppen der Glutamin- und Asparaginreste erhalten bleiben und zu einem isoelektrischen Punkt bei einem pH von 8,5-9 führen. Beim Typ B wird durch den kalkalkalischen Aufschluss des Kollagens Ammoniak abgespalten, wodurch aus den freien Säureamidgruppen Carboxylgruppen gebildet werden. Dieser Verlust der Säureamidgruppen führt zu einer Verschiebung des isoelektrischen Punktes auf pH 4,8 bis 5.[60]

Zur Synthese nanoskaliger Hohlkugeln wurde eine „Mikroemulsion“ mit einem wässrigen Gelatine-Sol als polare Phase eingesetzt, welche in dieser Arbeit als Gelatine-gefüllte Mikroemulsion bezeichnet wird.

Für die Synthese wurden 1,82 g Hexadecyltrimethylammoniumbromid (CTAB), 5,0 ml Hexanol und 50 ml Dodecan zusammengegeben und gerührt. Diese Eduktmischung wurde auf 65 °C erhitzt und auf dieser Temperatur gehalten. Anschließend wurden 0,3 g Rindergelatine (Typ B, 255 Bloom) in 1,0 ml destilliertes Wasser gegeben, 3 min. quellen gelassen und ebenfalls auf 65 °C erhitzt. Der Bloomwert definiert die Gelierfähigkeit oder Gallertfestigkeit der Gelatine.[61] Aus der Mischung entstand ein viskoses Kolloid.[54, 60] 1,0 ml dieses warmen Kolloids wurde in die warme Eduktmischung gegeben. Dabei bildete das wässrige Gelatinesol die polare Phase und es entstand eine Mikroemulsion. Letztere wurde langsam unter Rühren auf Raumtemperatur abgekühlt, so dass die Gelatine erhärtete und durch Erhöhung der Viskosität ein Gel entstand.[54, 60] Dies erfolgte in einigen Nanometer großen Mizellen, aus denen, wie im Folgenden gezeigt wird, Gelatine-Nanopartikel entstanden. Sie sind durch die umgebenden Tenside, ähnlich wie in einer Mikroemulsion, stabilisiert. Die erkaltete Gelatine-gefüllte Mikroemulsion war opaleszent und zeigte bei Bestrahlung mit einer Halogen-Kaltlichtlampe den Tyndall-Effekt (Abbildung 26). Die Gelatine-gefüllte Mikroemulsion wies alle makroskopischen Eigenschaften einer Mikroemulsion auf.

Abbildung 26: *Foto der Gelatine-gefüllten Mikroemulsion mit Tyndall-Effekt.*

Zur Untersuchung der Partikelgrößen der abgekühlten Gelatine-gefüllten Mikroemulsion wurde eine Dynamische Lichtstreuung (DLS) angefertigt. Die gemessenen Gelatinepartikelgrößen betrugen im Durchschnitt 50 nm und zeigten im Vergleich mit einer wässrigen Mikroemulsion eine breitere Größenverteilung (Abbildung 27).

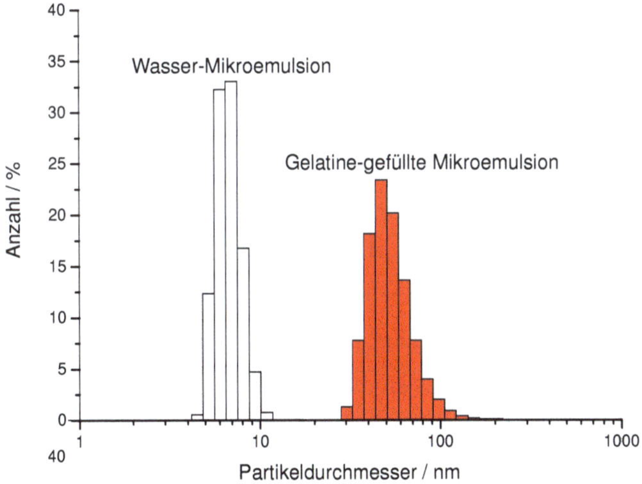

Abbildung 27: *Dynamische Lichtstreuung einer Gelatine-gefüllten Mikroemulsion und einer Wasser-Mikroemulsion.*

Gegenüber einer Mikroemulsion mit Wasser als polarer Phase, welche Mizellengrößen von ungefähr 8 nm aufweist, sind die „Mizellen“ der Gelatine-gefüllten Mikroemulsion um ca. 500 % vergrößert. Zur Abschätzung der Größe eines in wässriger Lösung vorliegenden Gelatinemoleküls wurde eine wässrige Gelatinelösung hergestellt und die Molekülgröße mittels DLS bestimmt (Abbildung 28).

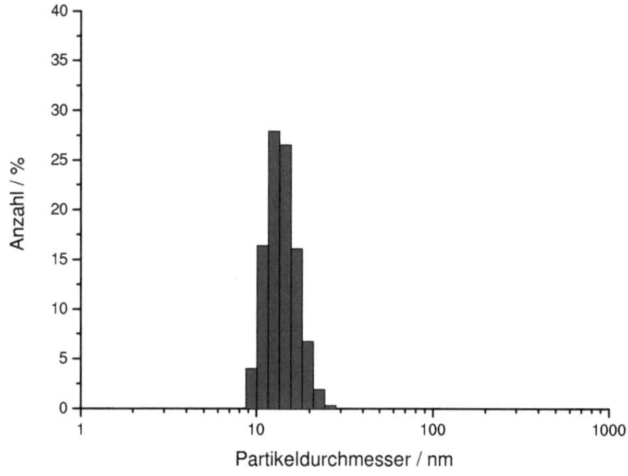

Abbildung 28: Dynamische Lichtstreuung des wässrigen Gelatinekolloids

Die Größe der Gelatinemoleküle (Durchschnitt 13 nm) überstieg diejenige der Wassermizellen, sie genügt alleine nicht zur Erklärung der „Mizellengröße“ der Gelatine-gefüllten Mikroemulsion. Es müssen demnach weitere Effekte angenommen werden, die zur Vergrößerung führen, wie beispielsweise mehrere Gelatinemoleküle pro „Mizelle“, andere Oberflächenspannung des Gelatinesols im Vergleich mit Wasser.

Auch eine temporäre Agglomeration der Gelatinepartikel ist als mögliche Ursache für die Vergrößerung der Mizellen denkbar. Belegen lässt sich dies mit den HR-TEM-Aufnahmen der in Kapitel 4.3 beschriebenen Titandioxid-Hohlkugeln, in denen, unter anderem, Gelatinenanopartikelagglomerate auftraten, die von einer Titandioxid-Hülle umgeben waren (Abbildung 29 und Abbildung 30).

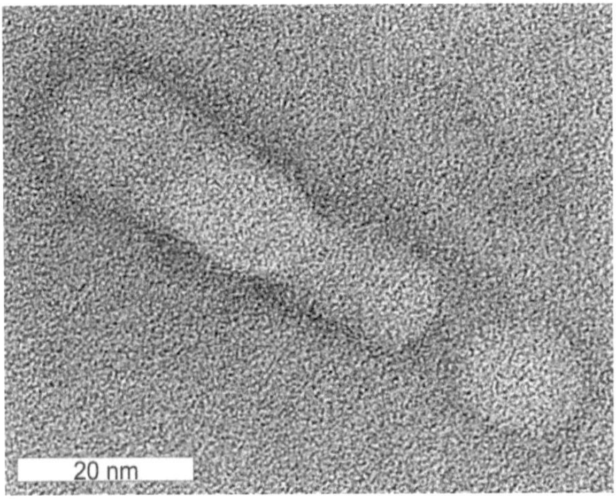

Abbildung 29: *HR-TEM-Aufnahme eines Gelatinenanopartikelagglomerates mit Titandioxid-Hülle.*

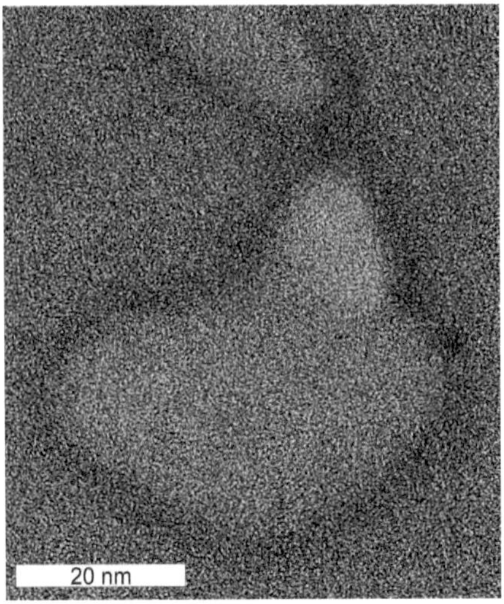

Abbildung 30: *HR-TEM-Aufnahme eines Gelatinenanopartikelagglomerates mit Titandioxid-Hülle.*

4.2.4. Verifikation der Gelatinenanopartikel

Um nachzuweisen, dass die „Mikroemulsion“ aus festen, nanoskaligen Gelatinepartikeln besteht, war es nötig, die Gelatinepartikel mittels Zentrifugation abzutrennen und mittels Elektronenmikroskopie zu analysieren. Die hohe Zentrifugalkraft, die beim Zentrifugieren auf die Gelatinepartikel wirkt, verklebte diese dauerhaft und machte ein Resuspendieren nicht möglich. Verursacht durch die starke Adhäsion, welche die Partikel aufeinander ausüben, entstand ein nicht trennbares Agglomerat.[54, 60]

Um die Agglomeration zu verhindern, wurden die Partikel vor dem Zentrifugieren mit Glutaraldehyd quervernetzt (Abbildung 31), wodurch ein stabiles Polymer mit höherer Viskosität und geringerer Adhäsion entstand.[60] Dadurch war es möglich, die Partikel nach dem Zentrifugieren teilweise wieder zu resuspendieren.

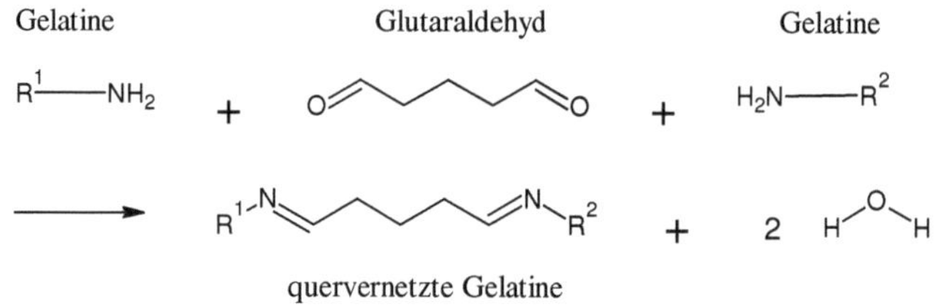

Abbildung 31: *Mechanismus der Quervernetzung von Gelatine mit Glutaraldehyd.*

Zur Analyse der Partikelgröße und Morphologie der quervernetzten Gelatinepartikel wurden STEM-Bilder aufgenommen. Dazu wurden die zentrifugierten, mit Glutaraldehyd quervernetzten Gelatinepartikel in Ethanol resuspendiert und auf einen TEM-Träger aufgebracht. Die Analyse der STEM-Aufnahmen ergab ca. 20 nm große Partikel mit enger Größenverteilung und sphärischer bis elliptischer Morphologie (Abbildung 32).

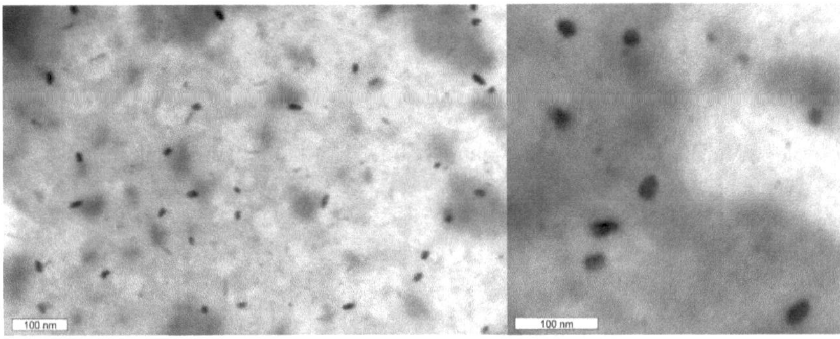

Abbildung 32: *STEM-Aufnahmen quervernetzter Gelatinenanopartikel, Übersicht (links) und Detail (rechts).*

4.2.5. Strategien zur Hohlkugelsynthese

Die entwickelte Gelatine-gefüllte Mikroemulsion wurde nachfolgend zur Synthese nanoskaliger Hohlkugeln eingesetzt. Dazu wurden zwei verschiedene Syntheserouten entwickelt. Bei der ersten Variante wurde wie bei der bisher verwendeten, in Kapitel 3.2 beschriebenen, Mikroemulsionsmethode der Precursor in die unpolare Phase der Mikroemulsion gegeben. Der Precursor reagiert an der Phasengrenze der Mizellen mit dem in der polaren Phase vorhandenen Wasser.[51, 52] Hierbei verhindert die feste Gelatine in der polaren Phase ein Zuwachsen des Partikels und begünstigt so das Entstehen von Hohlkugeln.

Bei der zweiten, in dieser Arbeit entwickelten Methode, wurden beide Edukte ausschließlich zur polaren Phase gegeben (Abbildung 33). Durch die festen Gelatinepartikel in der Mikroemulsion war es möglich, Hohlkugeln durch Zugabe zweier wässriger Eduktlösungen zu synthetisieren. Dazu wurden beide Lösungen nacheinander in die Mikroemulsion gegeben. Nach Zugabe der ersten Eduktlösung umgab sie die Gelatine in der polaren Phase. Anschließend lagerte sich die zweite Eduktlösung gleichmäßig durch Koaleszenz in allen Mizellen um die Gelatinepartikel an und reagierte dort mit der ersten Eduktlösung. Da die Edukte die Gelatine umhüllen und die Gelatine ein Wachsen in das Innere der

Mizelle verhindert, bilden sich Schalen um die Gelatinepartikel. Somit ist es möglich, günstige Metallsalze, wie beispielsweise Eisennitrat, Calciumchlorid, Natriumcarbonat und Kaliumhexacyanoferrat als Edukte einzusetzen und komplexe Verbindungen in Form nanoskaliger Hohlkugeln zu erhalten.

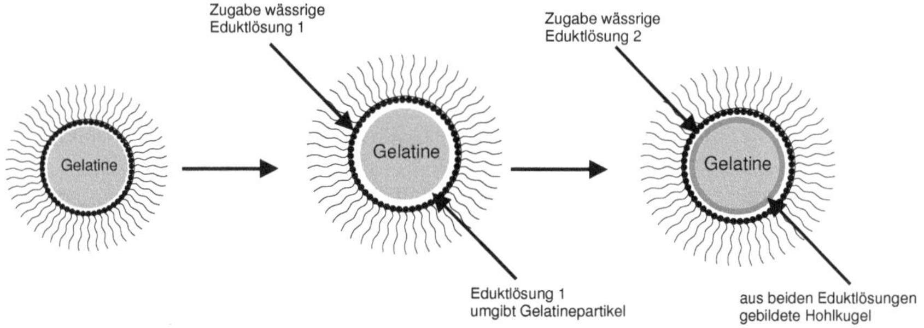

Abbildung 33: *Schematischer Ablauf der zweiten Variante zur Hohlkugelsynthese. Links: Gelatine-gefüllte Mikroemulsion, Mitte: Gelatine-gefüllte Mikroemulsion mit zugegebener Eduktlösung 1, rechts: Gelatine-gefüllte Mikroemulsion mit gebildeter Hohlkugel nach Zugabe beider Eduktlösungen.*

Zur Überprüfung dieser Theorie wurde eine Dynamische Lichtstreuung einer Gelatine-gefüllten Mikroemulsion nach Zugabe einer wässrigen Eduktlösung (1,0 ml 0,5 M $CaCl_2$) aufgenommen (Abbildung 34).

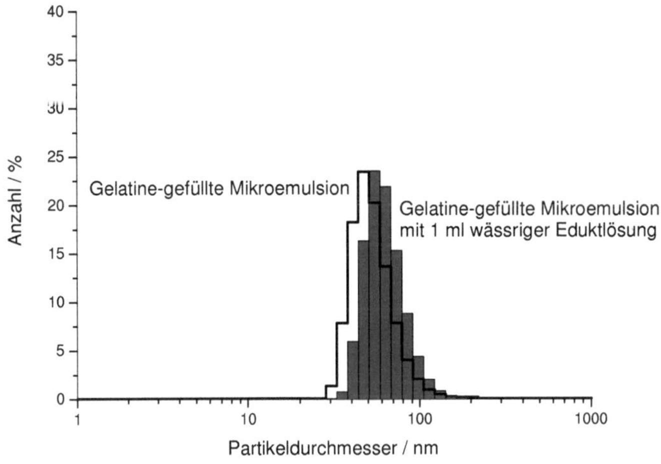

Abbildung 34: *Dynamische Lichtstreuung einer Gelatine-gefüllten Mikroemulsion mit und ohne Zugabe einer wässrigen Eduktlösung.*

Der gemessene, mittlere „Mizellendurchmesser" vergrößerte sich um circa 10 nm auf etwa 60 nm. Dies deutet darauf hin, dass sich eine Schicht um die Gelatinepartikel bildete, wie in Abbildung 33 dargestellt.

Der neu entwickelte Syntheseweg benutzt ein Templatverfahren. Das dazu eingesetzte Gelatinetemplat lässt sich zwischen einem harten Templat wie Polymere und einem soften Templat wie Mizellen einordnen. Nach der Synthese befindet sich noch Gelatine in der Kavität der Hohlkugel, so dass diese streng genommen ein Kern-Schale-Partikel mit einem Gelatinekern darstellt. Das eingesetzte Gelatinesol besteht aus 0,3 g Gelatine in 1,0 ml Wasser, somit enthält der Gelatinekern 23 % getrocknete Gelatine und 77 % Wasser.

Zusammenfassung

Es ist festzuhalten, dass eine stabilisierte Suspension von Gelatinenanopartikeln hergestellt und charakterisiert wurde. Ausgangspunkt war eine Mikroemulsion, bei der die polare Phase durch ein Gelatinesol ersetzt und ausgehärtet wurde.

Wie nachfolgend an einigen Beispielen gezeigt, lässt sich die Gelatine-gefüllte Mikroemulsion zur Synthese nanoskaliger Hohlkugeln verschiedenster Materialien einsetzen. In den nachfolgenden Kapiteln werden die mittels Gelatine-gefüllte Mikroemulsion synthetisierten Hohlkugeln und deren Eigenschaften beschrieben.

4.3. Titandioxid-Hohlkugeln

4.3.1. Eigenschaften von Titandioxid

Titandioxid-Nanopartikel werden für eine Vielzahl von technischen Anwendungen eingesetzt. Von großem Vorteil ist dabei, dass Titandioxid aufgrund seiner Unbedenklichkeit, sowohl in seiner Anatas- als auch in der Rutil-Modifikation, als Lebensmittelzusatz (E 171) ohne Höchstmengenbeschränkung zugelassen ist.[48] Auch nanopartikuläres Titandioxid wird als toxikologisch unbedenklich eingestuft. Titandioxid-Nanopartikel in der Rutilmodifikaton werden als UV-Blocker in Sonnencreme eingesetzt, um die menschliche Haut vor UV-Strahlen zu schützen. Auch der Schutz von Polymeren und Lacken vor aggressiver UV-Strahlung wird technisch mit Titandioxid-Nanopartikeln gelöst.[7, 49] Dies ist sogar ohne optische Beeinträchtigung der Transparenz möglich.[62] Aufgrund der photokatalytischen Eigenschaften von Titandioxid in der Anatas-Modifikation wird es technisch zur photokatalytischen Wasserreinigung sowohl von Trink- als auch von Abwasser verwendet.[63-65] Die photokatalytische Reinigung der Luft von Schadstoffen ist ebenso möglich, sowohl von organischen als auch von anorganischen Verschmutzungen, wie beispielsweise nitrosen Gasen (N_2O, NO, NO_2), Kohlenstoffmonoxid und Alkanen.[66] Selbst im Bereich der erneuerbaren Energien werden Titandioxid-Nanopartikel eingesetzt, zum Beispiel bei der photokatalytischen Wasserspaltung[67-70] und in Farbstoffsolarzellen (Grätzel-Zelle).[71]

Titandioxid kommt in drei verschiedenen Modifikationen vor: Brookit, Anatas und Rutil. Bei Standardbedingungen ist Rutil die thermodynamisch stabile Phase. Bei allen drei Phasen ist das Titanatom von sechs Sauerstoffatomen oktaedrisch umgeben. Rutil und Anatas kristallisieren im tetragonalen, Brookit hingegen im orthorhombischen Kristallsystem.[72, 73]

Diese Eigenschaften führten zu weitergehenden Untersuchungen von Titandioxid-Nanopartikeln, insbesondere nanoskalige Hohlkugeln.

4.3.2. Literaturübersicht nanoskalige Titandioxid-Hohlkugeln

Die bisher veröffentlichten Arbeiten zeigen Hohlkugeln mit Durchmessern größer als 200 nm, meist sogar im Mikrometerbereich. Als Syntheserouten werden Templatsynthesen mit modifiziertem Latex, Polystyrol, Kohlenstoff oder Siliciumdioxid als Templat verwendet.[53] Nicht alle damit erzeugten Hohlkugeln haben eine homogene Hülle, oft bestehen sie aus Agglomeraten mehrerer einzelner Partikel.[52b, 53]

4.3.3. Synthese

Zur Synthese der Titandioxid-Hohlkugeln wurde die in Kapitel 4.3 beschriebene Gelatine-gefüllte Mikroemulsion verwendet. Zuerst wurden die Edukte der Mikroemulsion, 50 ml Dodecan, 1,82 g CTAB und 5,0 ml Hexanol zusammengegeben und auf 65°C erwärmt. Als polare Phase wurden 0,3 g Gelatine in 1,0 ml Wasser gelöst und auf 65°C erwärmt. 1,0 ml dieser kolloidalen Gelatinelösung wurde in die warme Eduktmischung gegeben, wobei sich eine Gelatine-gefüllte Mikroemulsion ausbildete. Die Gelatine-gefüllte Mikroemulsion wurde 5 Minuten gerührt, langsam unter Rühren auf Raumtemperatur abgekühlt und weitere 24 Stunden gerührt. Als Nächstes wurden 2,0 ml einer 0,1 molaren $TiCl_4$ Lösung in Dodecan zur Gelatine-gefüllte Mikroemulsion zugegeben, 2 min gerührt und anschließend für 14 Tage ohne Rühren stehen gelassen. Die Gelatine-gefüllte Mikroemulsion wurde zentrifugiert und der Rückstand zweimal mit Ethanol gewaschen. Dazu wurde der Rückstand in Ethanol resuspendiert, wieder zentrifugiert, und anschließend bei 65 °C im Trockenschrank getrocknet.

4.3.4. Charakterisierung

Die Analyse der Partikel mittels STEM zeigt Hohlkugeln mit einer Größe von 25-35 nm. Auf der Übersichtsaufnahme (Abbildung 35) ist die enge Größenverteilung und die einheitliche Morphologie der Hohlkugeln zu erkennen. Der Hohlraum ist deutlich sichtbar, selbst bei kleiner Vergrößerung. Einige der Hohlkugeln sind agglomeriert. Dennoch ist selbst bei den agglomerierten Partikeln der Hohlraum deutlich erkennbar.

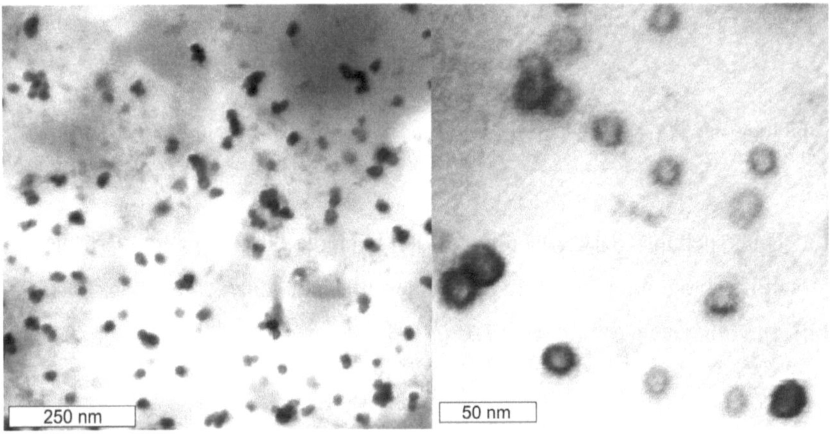

Abbildung 35: *STEM Aufnahmen von Titandioxid-Hohlkugeln (links: Übersicht; rechts: Detail).*

Für eine genauere Charakterisierung der Titandioxid-Hohlkugeln wurden HR-TEM Aufnahmen aufgenommen (Abbildung 36), in denen 25-35 nm großen Hohlkugeln sichtbar sind. Die Partikel besitzen einen Hohlraum von 15-20 nm und eine Wandstärke von 4-6 nm. Da an einigen Stellen der Hohlkugelwand Netzebenen erkennbar sind, ist davon auszugehen, dass die Hohlkugeln zumindest teilweise kristallin sind. Der dort gemessene Netzebenenabstand beträgt 3,52±0,12 Å, was dem (101) Reflex von Anatas (ICCD-Nr. 21-1272) entspricht, der einen Netzebenenabstand von 3,517 Å aufweist.

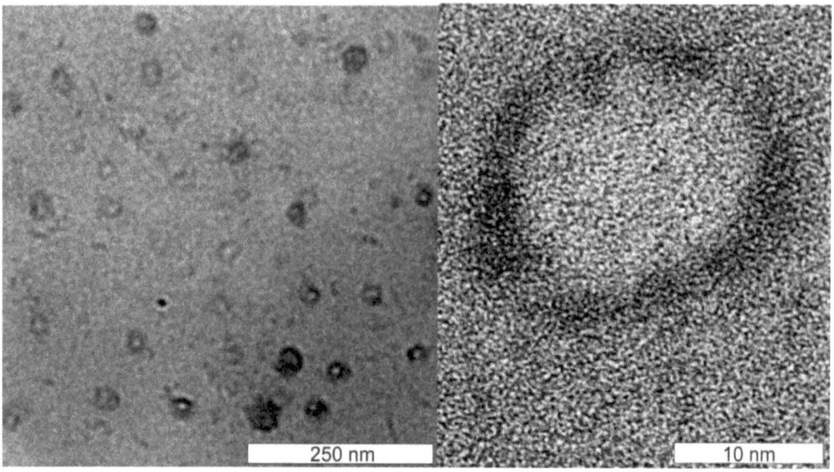

Abbildung 36: *HR-TEM-Aufnahmen von Titandioxid-Hohlkugeln, links Übersicht, rechts Detail mit Netzebenen.*

Zur Untersuchung der Kristallinität der Titandioxid-Hohlkugeln wurde ein Pulverdiffraktogramm angefertigt. In diesem sind keine erkennbaren Bragg-Reflexe vorhanden (Abbildung 37).

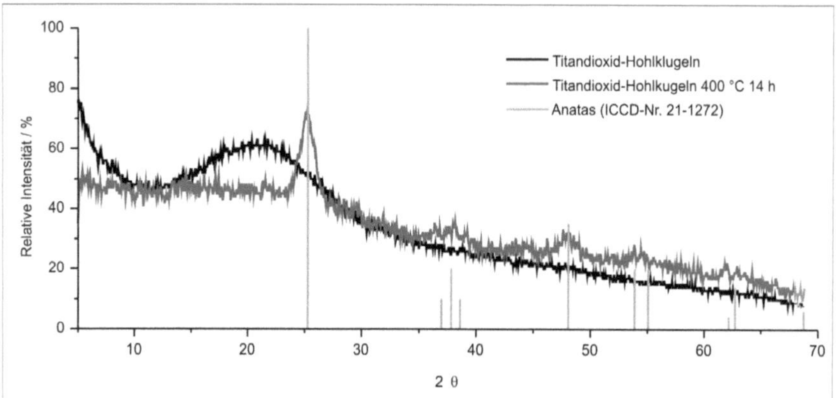

Abbildung 37: *Pulverdiffraktogramm von Titandioxid-Hohlkugeln, kalzinierte Titandioxid-Hohlkugeln, Referenz: Anatas (ICCD-Nr. 21-1272).*

Dies kann daran liegen, dass die Kristallite sehr klein sind und damit unterhalb der Auflösungsgrenze des Pulverdiffraktometers liegen. Da in der HR-TEM-Aufnahme Netzebenen erkennbar sind, muss davon ausgegangen werden, dass die Probe durch die Bestrahlung mit hochenergetischen Elektronen kristallisiert. Nach dem Kalzinieren der Probe für 14 Stunden bei 400 °C sind im Pulverdiffraktogramm Reflexe erkennbar, die sich der Anatas-Modifikation (ICCD-Nr. 21-1272) zuordnen lassen. Die Reflexe sind deutlich verbreitert. Mittels Scherrer-Gleichung lässt sich eine, immer noch kleine, Kristallitgröße von 8-10 nm berechnen. Dies stimmt mit den STEM Bildern überein, die nach dem Tempern aufgenommen wurden (Übersicht: Abbildung 38, Detail: Abbildung 39). Auf ihnen sind Hohlkugeln mit einer Größe von circa 35 nm zu erkennen. Wegen der Hohlkugelmorphologie können sich die Kristallite nur auf der Hülle befinden, weshalb sie kleiner als die auf den STEM-Aufnahmen sichtbaren Partikel sein müssen.

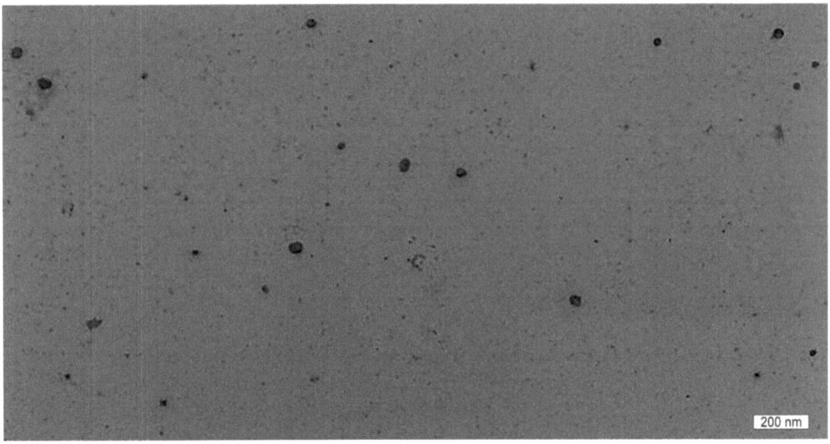

Abbildung 38: *STEM Übersichtsaufnahme von Titandioxid-Hohlkugeln nach Kalzinieren.*

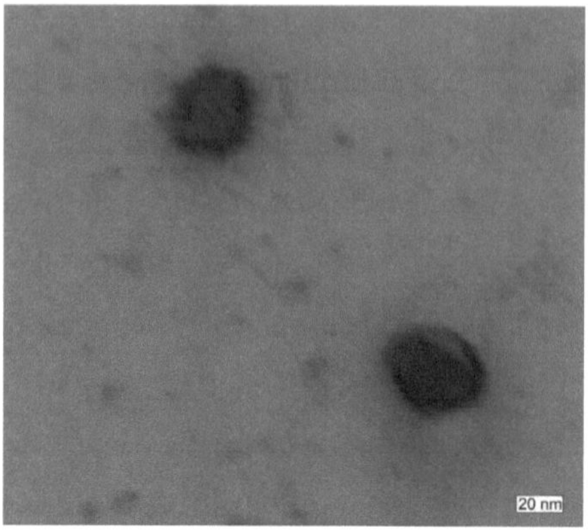

Abbildung 39: *STEM Detailaufnahme von Titandioxid-Hohlkugeln nach Kalzinieren.*

Zur Bestimmung des Agglomerationsgrades einer Suspension von Titandioxid-Hohlkugeln in Ethanol wurde eine dynamische Lichtstreuung aufgenommen (Abbildung 40).

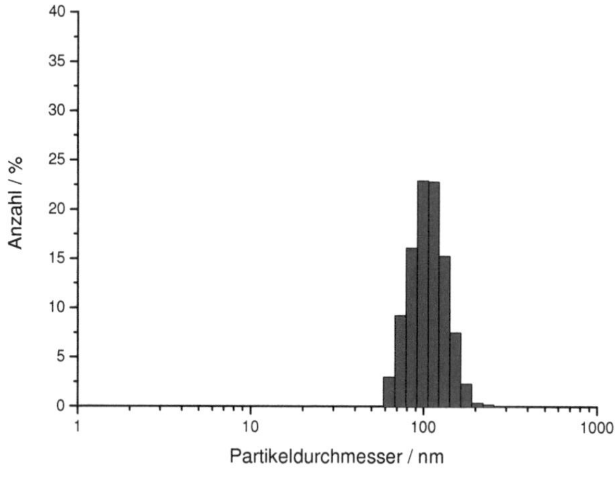

Abbildung 40: *Dynamische Lichtstreuung einer Suspension von Titandioxid-Hohlkugeln in Ethanol.*

Die gemessene Größenverteilung ist deutlicher zu größeren Durchmessern verschoben als nach der mittels STEM- und TEM-Aufnahmen ermittelten Partikelgröße zu erwarten wäre. In diesen Aufnahmen sind Agglomerate zu erkennen, die von der Größe den mittels DLS ermittelten Partikeldurchmessern entsprechen. Sie werden in der DLS hauptsächlich gemessen. Die in der Suspension vorhandenen, nicht agglomerierten Hohlkugeln lassen sich neben den agglomerierten Partikeln nicht nachweisen. Dies ist durch das Messverfahren der DLS bedingt.

Zur Charakterisierung der synthetisierten Titandioxid-Hohlkugeln wurde die spezifische Oberfläche mittels der BET-Analyse bestimmt und dabei der für Hohlkugeln extrem kleine Wert von 6,1 m^2g^{-1} erhalten. Zum Einordnen dieses gemessenen Oberflächenwertes wurden Vergleichsmessungen mit reiner, getrockneter Gelatine und mit Degussa P25 Titandioxid-Nanopartikeln durchgeführt. Degussa P25 besteht aus etwa 20 nm großen Titandioxid-Partikeln, die zu mehreren Hundert Nanometer großen Agglomeraten verbunden sind.[40] Sie sind damit etwas kleiner als die hergestellten Titandioxid-Hohlkugeln mit ihrem Durchmesser von 25-35 nm. Bei reiner Gelatine wurde eine extrem kleine spezifische Oberfläche von 0,03 m^2g^{-1} gemessen. Für die Degussa P25 Partikel hingegen ergab sich eine spezifische Oberfläche von 50 m^2g^{-1}. Die Titandioxid-Hohlkugeln ordnen sich somit zwischen den beiden Werten ein, wobei sich die Isotherme der Titandioxid-Hohlkugeln als eine Überlagerung aus den Isothermen von reiner Gelatine und von Degussa P25 beschreiben lässt. Die Isothermen von Degussa P25 und den Titandioxid-Hohlkugeln besitzen einen ähnlichen Verlauf (Abbildung 41); sie sind beide dem in Kapitel 2.6 beschriebenen Typ II zuzuordnen. Die geringe Hysterese in der Isotherme der Titandioxid-Hohlkugeln und der ähnliche Hystereseverlauf bei der Isotherme von Degussa P25 lassen den Schluss zu, dass Stickstoff nicht in den Hohlraum der Titandioxid-Hohlkugeln diffundiert und die innere Oberfläche nicht zur gemessenen spezifischen Oberfläche der Titandioxid-Hohlkugeln beiträgt. Eine

Bedeckung der Hohlkugeloberfläche mit Gelatineresten aus der Synthese verringert, aufgrund der geringen Stickstoffadsorption der Gelatine, die gemessene spezifische Oberfläche der Hohlkugeln deutlich. Des Weiteren können Gelatinereste auf der Oberfläche die Agglomeration der Partikel begünstigen und somit die Oberfläche weiter verringern. Diese Effekte führen zu den geringen spezifischen Oberflächen, die bei den Titandioxid-Hohlkugeln beobachtet wurden.

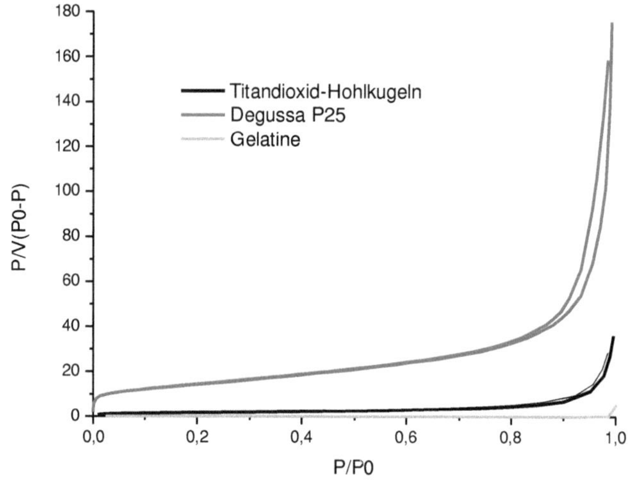

Abbildung 41: *Adsorptions- und Desorptionsisothermen von Titandioxid-Hohlkugeln, Degussa P25 und reiner, getrockneter Gelatine.*

Zur Analyse des Gelatinekerns der Titandioxid-Hohlkugeln wurde ein FT-IR-Spektrum angefertigt (Abbildung 42). Deutlich sichtbar sind die starken υ(O-H) Banden bei 3600-3100 cm^{-1}, welche auf Wasser hindeuten. Die Banden bei 3100-2850 cm^{-1} (υ(C-H)) und 1700-1000 cm^{-1} (υ(C=O), υ(C-O), υ(C-C), δ(C-H), Fingerprintbereich) werden durch die Gelatine verursacht, sie sind in dem Spektrum reiner Gelatine in ähnlicher Form vorhanden. Die breiten Banden unterhalb 800 cm^{-1} können den Ti-O Gitterschwingungen des Titandioxides zugeordnet werden.[38, 74]

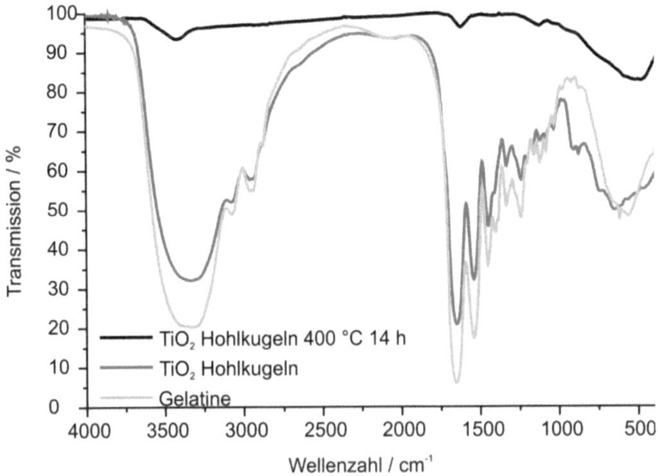

Abbildung 42: *FT-IR-Spektren von gelatinegefüllten Titandioxid-Hohlkugeln, Titandioxid-Hohlkugeln nach thermischem Entfernen der Gelatine und reiner Gelatine.*

Zur genaueren Untersuchung des Gelatinekernes wurde eine thermogravimetrische Analyse durchgeführt (Abbildung 43). Dabei wurde das thermische Zersetzungsverhalten reiner Gelatine unter Stickstoffatmosphäre mit dem Verhalten der Titandioxid-Hohlkugeln verglichen. Der gesamte Gewichtsverlust beim Erhitzen auf 800 °C beträgt 80 % bei den Hohlkugeln und 98 % bei reiner Gelatine. Die Zersetzung findet in drei Stufen statt. Bei dem ersten Zersetzungsschritt, im Temperaturbereich von Raumtemperatur bis 200 °C, wird an der Oberfläche gebundenes Wasser abgegeben und organische Reste aus dem Mikroemulsionsansatz wie Dodecan, CTAB und Hexanol werden zersetzt oder verdampft. Dies sind nur geringe Anteile, sie verursachen einen Gewichtsverlust von 4 %. Der zweite Schritt (200-450 °C), der einen

Gewichtsverlust von 60 % verursacht, setzt im Kern gebundenes Wasser aus der Gelatine frei und zersetzt einen Teil des Gelatinekerns.

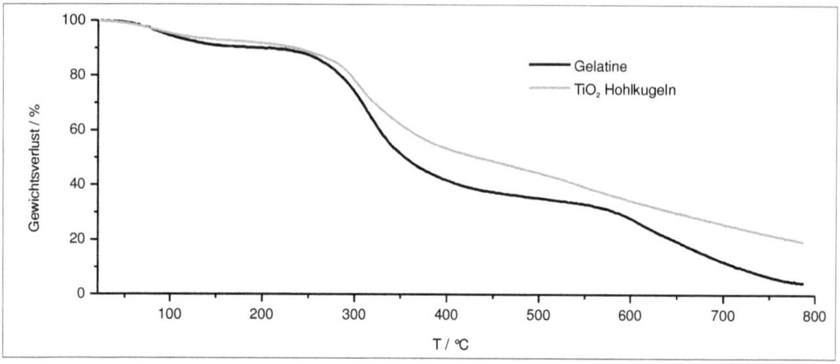

Abbildung 43: *Thermogravimetrie von Titandioxid-Hohlkugeln im Vergleich mit Gelatine.*

Beim letzten Schritt (450-800 °C), der ca. 20 % Gewichtsverlust verursacht, wird die Gelatine komplett zersetzt, und es bleiben nur noch die anorganischen Anteile der Gelatine und die Titandioxid-Hülle zurück. Vergleicht man dieses Ergebnis mit dem FT-IR-Spektrum in Abbildung 42, so kann man feststellen, dass durch das Erhitzen auf 400 °C für 14 Stunden unter normaler Atmosphäre die Gelatine entfernt wird, denn anschließend sind keine für Gelatine typischen Banden im IR Spektrum vorhanden.

Zur Analyse der optischen Eigenschaften der Hohlkugeln wurden die UV-Vis Spektren der Hohlkugeln mit denen von massiven Anatas Nanopartikeln (20 nm, Degussa P25) und reiner Gelatine verglichen (Abbildung 44). Hergestellt werden Degussa P25 Partikel durch Spraypyrolyse, so dass diese eine freie Oberfläche haben. Die Titandioxid-Hohlkugeln und Degussa P25 Proben haben ein sehr ähnliches UV-Vis Spektrum und eine ähnliche Bandlücke (Abbildung 44). Es ist auch erkennbar, dass das UV-Vis Spektrum der Titandioxid-Hohlkugeln eine Überlagerung des Spektrums von Titandioxid und Gelatine darstellt.

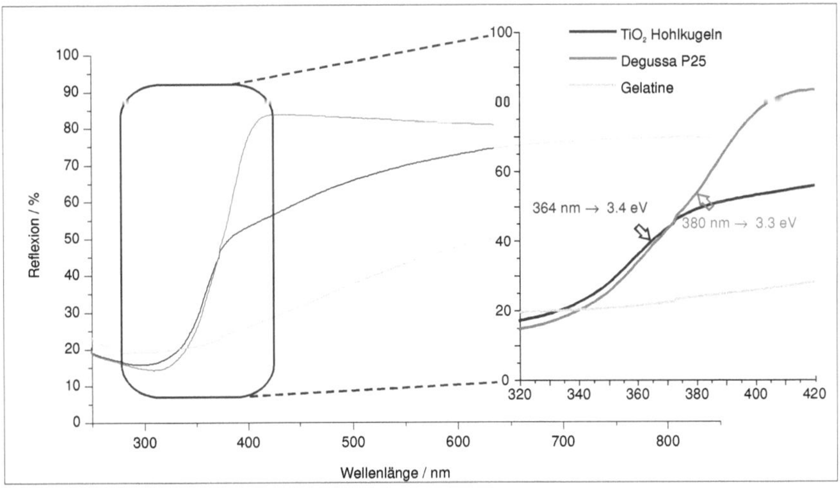

Abbildung 44: *UV-Vis Spektren von Titandioxid-Hohlkugel, Degussa P25 und Gelatine. Rechts Bandlücken von Titandioxid-Hohlkugeln und Degussa P25.*

Titandioxid in Anatas-Modifikation ist für seine photokatalytische Aktivität bekannt, die bei UV-Bestrahlung den Abbau von organischen Molekülen katalysiert.[48] Zur Überprüfung der photokatalytischen Eigenschaft der Hohlkugeln wurde eine wässrige Suspension von Titandioxid-Hohlkugeln und Degussa P25 als Referenz verwendet. Die Katalysemessungen erfolgten bei pH 8. Als Testsubstanz diente Methylenblau, welches bei Zersetzung farblos wird. Die Abnahme der Methylenblaukonzentration lässt sich daher direkt an der Intensität der blauen Farbe der Probelösung ablesen und kann damit einfach mittels UV-Vis Spektroskopie erfasst werden.

Die Suspension wurde mit einer Halogenlampe bestrahlt und dabei die Methylenblaukonzentration mittels eines UV-Vis Spektrometers analysiert. Degussa P25 diente dabei als Referenz zur Einordnung der Effizienz des Katalysators, so wie es in der entsprechenden Literatur gehandhabt wird.[75-80]

Der photokatalytische Abbau von Methylenblau verhält sich bei beiden Proben ähnlich, es besteht also kein großer Unterschied zwischen den Hohlkugeln und Degussa P25 (Abbildung 45).

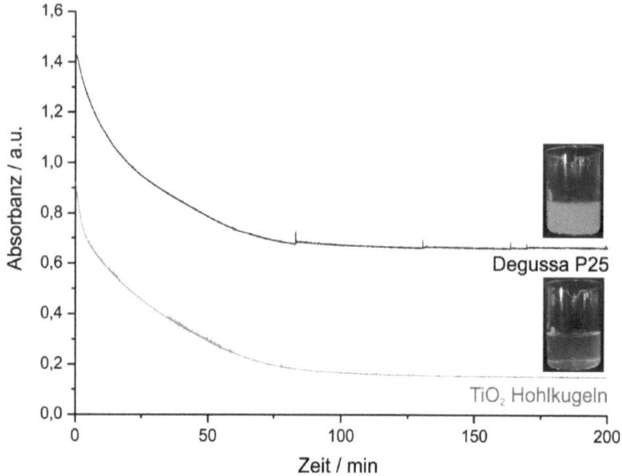

Abbildung 45: *Photokatalytischer Abbau von Methylenblau durch Titandioxid-Hohlkugeln und Degussa P25. Rechts Fotos der Reaktionssuspensionen.*

Die gemessenen Zeitkonstanten der Hohlkugeln mit 1,9 h^{-1} und des Degussa P25 mit 2,1 h^{-1} sind ähnlich, woraus sich die Geschwindigkeitskonstanten mit 0,031 (Titandioxid-Hohlkugeln) und 0,037 (Degussa P25) errechnen lassen. Die Transmission der Degussa P25 Probe ist über die gesamte Messung niedriger als die der Hohlkugelprobe, obwohl die eingesetzten Mengen von Katalysator und Methylenblau identisch sind. Ursache ist die deutlich höheren Streuung der Degussa P25 Probe (Abbildung 45), da Degussa P25 aus etwa 20 nm großen Partikeln besteht, die zu mehreren Hundert Nanometer großen Agglomeraten verbunden sind.[40] Die Analyse einer ethanolischen Suspension von Degussa P25 Partikeln mittels DLS ergibt eine mittlere Agglomeratgröße von etwa 450 nm (Abbildung 46), was die oben getroffenen Aussagen bestätigt. Wenn man noch die hohe Beladung der Hohlkugeln mit Gelatine und anderer oberflächengebundener organischer Substanzen berücksichtigt, so ist eine katalytische Aktivität der Hohlkugeln in gleicher Höhe wie von Titandioxid-Nanopartikeln mit freier Oberfläche, hier Degussa P25, erstaunlich.[01, 02]

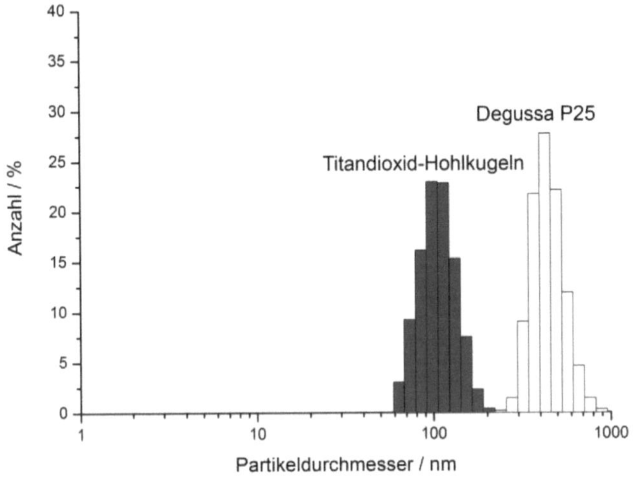

Abbildung 46: *DLS von Titandioxid-Hohlkugeln und Degussa P25 in Ethanol.*

Zusammenfassung

Es kann festgestellt werden, dass zum ersten Mal Titandioxid-Hohlkugeln mit einer Größe kleiner als 50 nm synthetisiert wurden. Die erhaltenen Hohlkugeln haben eine einheitliche Größe von 25-35 nm mit enger Größenverteilung. Wand und Hohlraum sind bei allen Partikeln deutlich ausgeprägt. Ihre Hülle ist einheitlich, wenn auch nicht vollständig kristallin und besteht nicht, wie bei Hohlkugeln, die in vielen anderen Synthesen erhalten werden, aus agglomerierten Titandioxid-Partikeln. Trotz des vorhandenen Gelatineanteils haben die Titandioxid-Hohlkugeln eine ähnliche photokatalytische Aktivität wie der Industriestandard, Degussa P25.

4.4. Rhodamin B @ Titandioxid-Hohlkugeln

4.4.1. Motivation

Bei der in Kapitel 4.3 beschriebenen Titandioxid-Hohlkugelsynthese entsteht durch die Hydrolyse des eingesetzten Titantetrachlorids Salzsäure als Nebenprodukt. Diese kann einen in die Gelatine eingebrachten Wirkstoff zerstören und so die Verwendung der Titandioxid-Hohlkugeln als Container verhindern. Eine Weiterentwicklung der Titandioxid-Hohlkugelsynthese setzt deshalb einen chloridfreien Titandioxid-Precursor ein. Das in Kapitel 4.3 eingesetzte Titantetrachlorid wurde durch Titanbutanolat ersetzt, und die Synthese, ähnlich wie in Kapitel 4.5 beschrieben, durchgeführt.

4.4.2. Synthese

Die Synthese der Titandioxid-Hohlkugeln erfolgte unter Einsatz der in Kapitel 4.3 beschriebenen Gelatine-gefüllten Mikroemulsion. Zuerst wurden 50 ml Dodecan als unpolare Volumenphase, 1,82 g CTAB als Tensid und 5,0 ml Hexanol als Cotensid zusammengegeben und auf 65°C erwärmt. Für den Ansatz der kolloidalen Gelatinelösung wurden 0,3 g Gelatine in 1,0 ml Wasser gelöst und ebenfalls auf 65°C erhitzt. Nach Zugabe von 1,0 ml dieser als polare Phase verwendeten, warmen, kolloidalen Lösung in die 65 °C warme Eduktmischung bildete sich eine Gelatine-gefüllte Mikroemulsion, wobei die trübe Mischung aufklarte und opaleszent wurde. Die Gelatine-gefüllte Mikroemulsion wurde 5 min bei 65°C gerührt, um eine gleichmäßige Verteilung zu gewährleisten, anschließend langsam, unter Rühren, auf Raumtemperatur abgekühlt und danach weitere 24 h gerührt. Zur Synthese der Hohlkugelwände wurden 20 ml einer 0,2 molaren Titan-n-butanolat-Lösung in Dodecan schnell in die Gelatine-gefüllte Mikroemulsion zugegeben und 24 h gerührt. Anschließend wurde diese direkt zentrifugiert, der Rückstand zweimal in Ethanol resuspendiert, wieder zentrifugiert und anschließend getrocknet.

4.4.3. Charakterisierung

Zur Überprüfung, ob es sich bei den synthetisierten Partikeln tatsächlich um Hohlkugeln handelte, wurden zuerst Struktur und Morphologie der Partikel mittels STEM-Aufnahmen untersucht. Auf den STEM-Aufnahmen sind sphärische Partikel mit einem Hohlraum zu erkennen (Abbildung 47). Der unterschiedliche Kontrast der Partikel ist durch temporäre Aufladungseffekte zu erklären, welche einige Partikel dunkel erscheinen lässt. Ein Ausmessen der auf den STEM-Aufnahmen abgebildeten Partikeln mittels der ImageJ-Software ergibt einen Partikeldurchmesser von 25-35 nm mit einem Hohlraum von 12-20 nm, woraus sich eine Wandstärke von etwa 5 nm ableiten lässt.

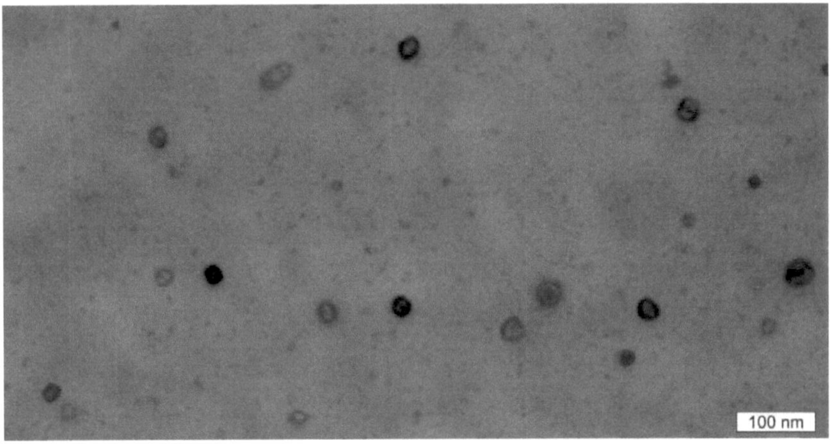

Abbildung 47: *STEM-Aufnahme von Titandioxid-Hohlkugeln.*

Zur genaueren Analyse von Partikelgröße und Morphologie der Hohlkugeln wurde ein HR-TEM-Bild mit einer höheren Auflösung aufgenommen (Abbildung 48). In dieser HR-TEM-Aufnahme sind Partikel mit einer Größe von 12-25 nm, einem Hohlraumdurchmesser von 4-12 nm und einer gemessenen Wandstärke von 3-5 nm zu erkennen.

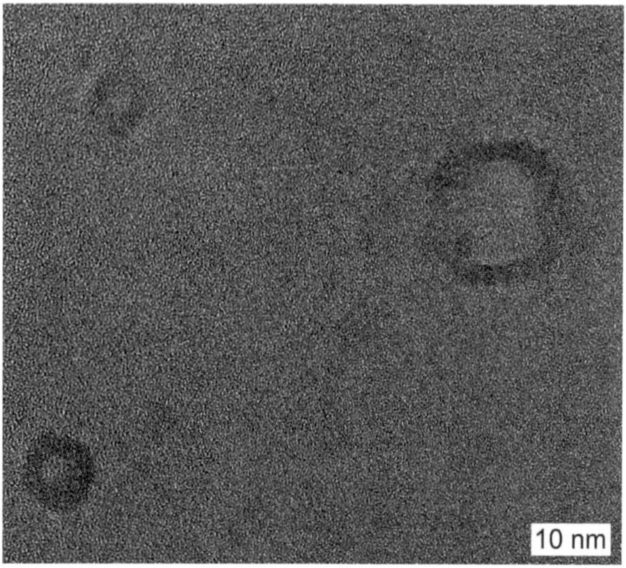

Abbildung 48: *HR-TEM-Aufnahme von Titandioxid-Hohlkugeln.*

Zur Demonstration der Container-Funktionalität wurde Rhodamin B in die Titandioxid-Hohlkugeln eingebracht (Rhodamin B @ Titandioxid-Hohlkugeln). Dazu wurde zuerst 1 mg Rhodamin B in die Gelatinelösung gegeben und anschließend damit eine Gelatine-gefüllte Mikroemulsion wie in Kapitel 4.2 hergestellt. Das Rhodamin B verteilte sich gleichmäßig in der Gelatine, welche anschließend von einer Titandioxid-Hülle umgeben wurde, so dass Rhodamin B @ Titandioxid-Hohlkugeln entstanden. Die getrockneten Hohlkugeln zeigen eine rötliche Farbe (Abbildung 49, links). Eine ethanolische Suspension besitzt eine Rosafärbung (Abbildung 49, Mitte), bei Bestrahlung mit einer Halogen-Kaltlichtquelle ist ein grünlicher Tyndall-Kegel sichtbar (Abbildung 49, rechts).

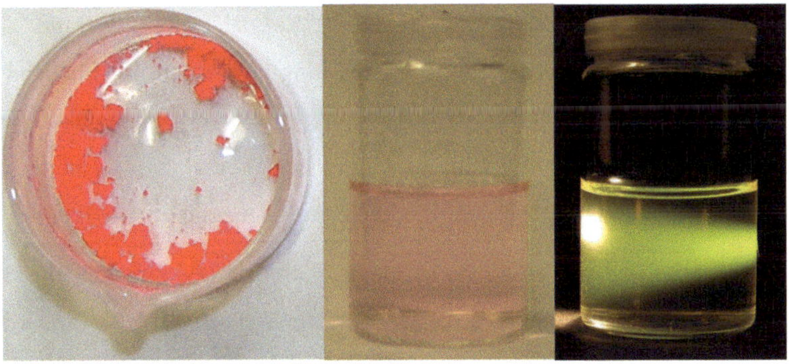

Abbildung 49: *Fotos von Rhodamin B @ Titandioxid-Hohlkugeln (links: getrocknete Partikel, Mitte: Suspension in Ethanol, rechts: Suspension in Ethanol mit grünem Tyndalleffekt).*

Bei Bestrahlung der Rhodamin B @ Titandioxid-Hohlkugeln mit UV-Strahlung ist eine unterschiedliche Fluoreszenzintensität zwischen den Wellenlängen 366 nm (Abbildung 50, links a) und 254 nm (Abbildung 50, rechts a) sichtbar.

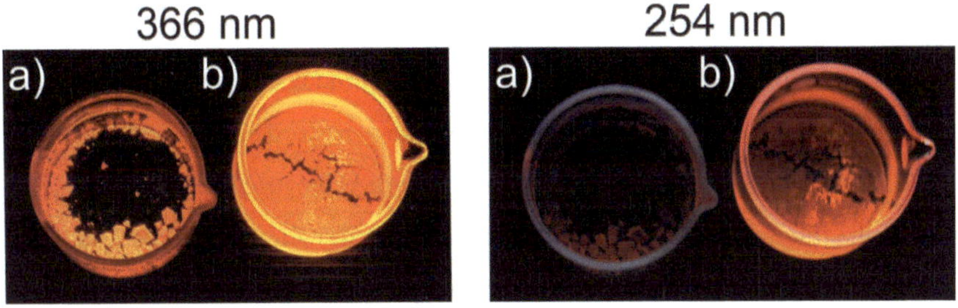

Abbildung 50: *Foto bei Anregung der a) Rhodamin B @ Titandioxid-Hohlkugeln, b) P25-Vergleichsprobe mit einer UV-Lampe. Links 366 nm, rechts 254 nm.*

Während die Rhodamin B @ Titandioxid-Hohlkugeln bei einer Wellenlänge von 366 nm sichtbar fluoreszieren, ist bei 254 nm eine deutlich geringere Fluoreszenz wahrnehmbar. Die blaue Farbe des Glasgefäßes wird durch eine Reflexion der blau erscheinenden UV-Lampe hervorgerufen. Da der Effekt der unterschiedlichen Fluoreszenzintensitäten durch die Hülle der Hohlkugeln hervorgerufen wird, sollte eine Vergleichssubstanz ohne Hohlkugeln diesen

Effekt nicht zeigen. Zur Synthese einer Vergleichsprobe wurde 1 mg Rhodamin B in 1,0 ml kolloidaler Gelatinelösung gelöst und anschließend mit 320 mg nanoskaligem Titandioxid (Degussa P25, mittlerer Partikeldurchmesser 23 nm) versetzt. Dies entspricht dem gleichen Farbstoff-, Gelatine- und Titandioxid-Verhältnis wie bei den Rhodamin B @ Titandioxid-Hohlkugeln.

Die Vergleichs- und die Hohlkugelprobe wurden mit UV-Strahlung bestrahlt und verglichen (Abbildung 50 a,b). Bei 366 nm fluoreszierten, wie erwartet, beide Proben, während bei 254 nm nur die Degussa P25-Vergleichsprobe nennenswert fluoreszierte. Das bedeutet, dass die Hülle der Hohlkugeln die Anregung durch UV-Strahlung mit 254 nm blockiert, während die UV-Strahlung durch die homogen in der Gelatine verteilten Partikel nicht nennenswert abgehalten wird. Die in den Hohlkugeln eingeschlossenen Farbstoffmoleküle wurden also durch die Titandioxid-Hülle von den 254 nm UV-Strahlen abgeschirmt.

Da sich die Proben in ihrer Morphologie unterscheiden, kann ein nicht identischer Wassergehalt und somit eine dadurch induzierte verschieden starke Absorption der UV-Strahlung nicht ausgeschlossen werden. Weiterhin ist eine Schwankung im Farbstoffgehalt durch die geringe eingesetzte Menge und ein unterschiedliches Verhalten der Proben beim Aufarbeiten wahrscheinlich und eine dadurch entstehende Ungenauigkeit nicht auszuschließen.

Zur quantitativen Verifizierung dieses Sachverhaltes wurden die genauen Fluoreszenzwerte beider Proben mit einem Fluoreszenzspektrometer ermittelt. Dazu wurden die Emissionsspektren beider Proben bei einer Anregung mit 366 nm und 254 nm unter identischen Messbedingungen aufgenommen (gleicher Filter, gleiche Spaltgröße). Beide Spektren wurden auf den Emissionswert bei der entsprechenden Wellenlänge ihres Anregungsspektrums korrigiert und normiert.

Bei einer Anregung mit 366 nm zeigen die Titandioxid-Hohlkugeln eine stärkere Fluoreszenz gegenüber der Vergleichsprobe (Abbildung 51).

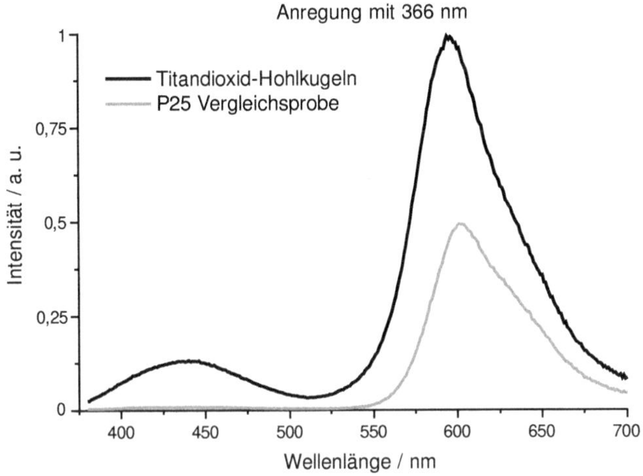

Abbildung 51: *Emissionsspektren bei einer Anregung mit 366 nm von Rhodamin B @ Titandioxid-Hohlkugeln und der P25-Vergleichsprobe.*

Bei Anregung der Proben mit einer Wellenlänge von 254 nm war unter identischen Messbedingungen kein Unterschied in deren Fluoreszenzintensität zu verzeichnen (Abbildung 52). Dies könnte auf die unterschiedlichen Farbstoff- und Wasseranteile der beiden Proben zurückzuführen sein, was auch die stärkere Emission der Hohlkugelprobe bei Anregung mit 366 nm erklären würde. Auch stößt das Fluorolog-Gerät im Bereich von 254 nm an seine Auflösungsgrenze, was zu stark verrauschten Spektren führt. Diese sind in ihrer Aussagekraft eingeschränkt. Das Hohlkugelspektrum zeigt eine stärkere Verrauschung und erweckt den Eindruck niedrigerer Fluoreszenz. Ein quantitativer Nachweis kann somit nicht geführt werden. Daraus resultiert, dass nur der qualitative, optische Eindruck, der bei einer Anregung mit einer UV-Lampe entsteht, einen Hinweis darauf gibt, dass die Gelatine und damit das in ihr enthaltene Rhodamin B vollständig von einer Titandioxid-Hülle umgeben ist.

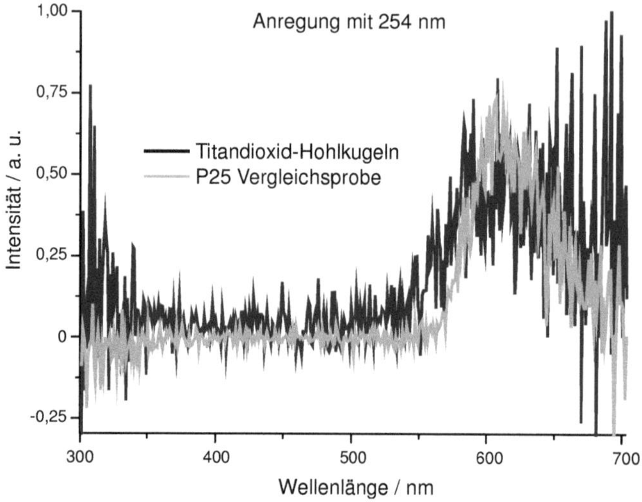

Abbildung 52: *Emissionsspektren bei einer Anregung mit 254 nm von Rhodamin B @ Titandioxid-Hohlkugeln und der Vergleichsprobe.*

Zur Untersuchung des Effekts der unterschiedlichen Fluoreszenzintensitäten wurde die Bandlücke der Titandioxid-Hohlkugeln bestimmt. Im UV-Vis-Spektrum der Hohlkugeln fällt eine Abnahme der Reflexion von 366 nm nach 254 nm auf (Abbildung 53), welche durch die Bandlücke des Titandioxids hervorgerufen wird. Befindet sich der Farbstoff in der Hohlkugel, so ist er vollständig von Titandioxid umgeben, eine Abnahme der Intensität der Fluoreszenz von 366 nm nach 254 nm ist zu erwarten. Verursacht wird dies durch die stärkere Absorption des Hüllenmaterials, das bei 254 nm einen größeren Anteil der UV-Strahlung absorbiert und somit die Fluoreszenz des in den Hohlkugeln eingeschlossenen Farbstoffs reduziert. Dies stimmt mit dem in der UV-Lampe beobachteten Verhalten überein. Die Gelatine ändert ihr Adsorptionsverhalten zwischen 254 nm und 366 nm nur unwesentlich und beeinflusst deshalb das Messergebnis nicht. Auch sollte sich in den

Rhodamin B @ Titandioxid-Hohlkugeln und der Vergleichsprobe dieselbe Menge an Gelatine befinden, die unter gleichen Bedingungen getrocknet wurde.

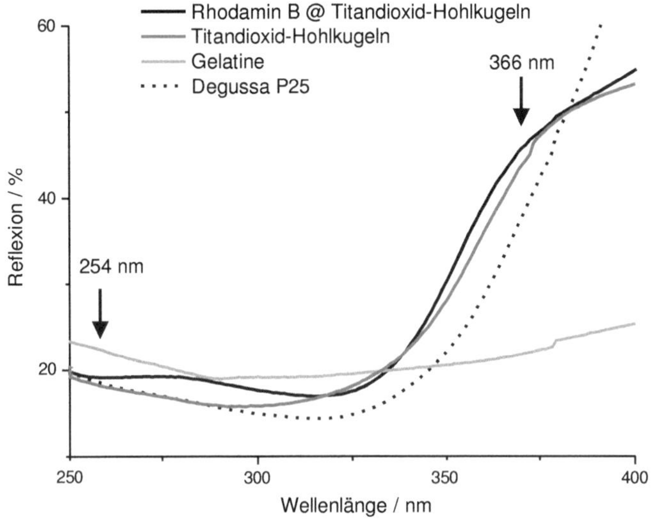

Abbildung 53: *UV-Vis Spektren von Titandioxid-Hohlkugeln mit Markierung der Anregungswellenlängen der UV-Lampe und der Fluorolog Emissionsspektren.*

Eine Untersuchung der Bandlücke der als Vergleichsprobe verwendeten Degussa P25 Partikel ergab eine gegenüber den Titandioxid-Hohlkugeln leicht verschobene Bandlücke. Diese befindet sich dennoch zwischen den beiden Anregungswellenlängen und sollte zu einem Effekt ähnlich wie bei den Titandioxid-Hohlkugeln führen, falls eine Abschirmung durch Degussa P25 stattfindet. Da eine Abschwächung der beobachtbaren Fluoreszenzintensität der Vergleichsprobe nicht festzustellen ist, kann davon ausgegangen werden, dass es zu keiner Abschirmung kommt. Die bei den Rhodamin B @ Titandioxid-Hohlkugeln auftretenden unterschiedlichen Fluoreszenzintensitäten sind somit der abschirmenden Wirkung der Hohlkugelhülle zuzuschreiben.

Nanopartikel, die in anderen Spektralbereichen emittieren, wurden unter Verwendung von Fluoreszenzfarbstoffen wie Chinin, Fluoreszin, Rhodamin 6G und Umbelliferon synthetisiert.

Zusammenfassung

Es wurde eine Synthese von Titandioxid-Hohlkugeln mit einem chloridfreien Precursor durchgeführt, wodurch das Entstehen von Salzsäure als Nebenprodukt im Gegensatz zu der in Kapitel 4.3 beschriebenen Synthese verhindert werden konnte.

Die Container-Funktionalität der Titandioxid-Hohlkugeln wurde durch das Einbringen vom Fluoreszenzfarbstoff Rhodamin B in die Hohlkugeln überprüft. Nach der Synthese der Hohlkugeln befand sich Rhodamin B im Gelatinekern und war vollständig von Titandioxid umgeben. Die synthetisierten Rhodamin B @ Titandioxid-Hohlkugeln fluoreszierten sowohl in einer Suspension als auch im getrockneten Zustand.

Ein qualitativer Nachweis hierfür erfolgte durch Veränderung der Wellenlänge der anregenden UV-Strahlung. Hierbei veränderte sich die Fluoreszenzintensität der Hohlkugeln in Abhängigkeit der Wellenlänge. Ursache ist die Bandlücke der Titandioxid-Hülle, die je nach Wellenlänge der anregenden Strahlung, einen größeren oder kleineren Anteil davon absorbiert. Bei der Vergleichsprobe ohne Hohlkugeln wurde dieser Effekt nicht beobachtet. Ein quantitativer Nachweis für die zuvor beobachtete Änderung der Fluoreszenzintensität war wegen der Auflösungsgrenze des eingesetzten Messgerätes und dem etwas unterschiedlichen Probenverhalten bei der Aufarbeitung nicht eindeutig möglich.

4.5. Zirconiumdioxid-Hohlkugeln

4.5.1. Eigenschaften von Zirconiumdioxid

Zirconiumdioxid hat eine Vielzahl interessanter Eigenschaften, die seinen technischen Einsatz in verschiedensten Bereichen ermöglichen. So findet Zirconiumdioxid unter anderem Verwendung als Sauerstoff-Ionenleiter in Brennstoffzellen und in Lambda-Sonden bei der Analyse von Abgasen.[83-86] Aufgrund seiner katalytischen Eigenschaften wird Zirconiumdioxid bei Reaktionen mit Kohlenstoffmonoxid und Kohlenstoffdioxid eingesetzt.[87] Des Weiteren wird es wegen seiner außerordentlich hohen Härte zur Herstellung kratzfester Lacke verwendet.[88] Dank seiner Biokompatibilität wird es auch in der Medizintechnik, für die Herstellung von Implantaten und Prothesen, eingesetzt.[89]

Zirconiumdioxid kommt in drei Modifikationen vor: Bei Raumtemperatur kristallisiert es als Baddeleyit mit einer monoklinen Raumgruppe, dabei hat Zirconium eine Koordinationszahl von 7. Bei Temperaturen über 1170 °C wandelt es sich in tetragonales Zirconiumdioxid um, welches in einem tetragonal verzerrten Fluorit-Typ kristallisiert. Oberhalb von 2370 °C kristallisiert es als kubisches Zirconiumdioxid im Fluorit-Typ. Die kubische Modifikation kann durch CaO oder MgO bei Raumtemperatur stabilisiert werden, so erhält man eine bis 2300 °C beständige Phase die als Werkstoff Verwendung findet. Ohne Stabilisierung würde die Volumenänderung beim Phasenübergang den Werkstoff zerstören. Eine ebenfalls mögliche Stabilisierung mit Y_2O_3 verbessert zusätzlich die Ionenleitfähigkeit und ermöglicht eine Anwendung als Sauerstoffsensor oder in Brennstoffzellen.[52b, 61]

4.5.2. Literaturübersicht nanoskalige Zirconiumdioxid-Hohlkugeln

Bisher gibt es wenige Arbeiten zu nanoskaligen Zirconiumdioxid-Hohlkugeln. Zu deren Synthese werden verschiedene Syntheserouten eingesetzt. Durch

Templatsynthese mit einem Latex-Templat wurden Hohlkugeln mit einem Durchmesser von 200 nm erhalten[90]. Hohlkugeln mit einem Durchmesser von 300 nm wurden unter Verwendung einer Solvothermalsynthese synthetisiert.[91] Zirconiumdioxid-Hohlkugeln mit einem Durchmesser kleiner als 200 nm sind in der Literatur nicht beschrieben.

4.5.3. Synthese

Ziel der Arbeit war die Herstellung und Untersuchung von Zirconiumdioxid-Hohlkugeln mit kleinerem Durchmesser.

Zur Synthese der Zirconiumdioxid-Hohlkugeln fand die unter Kapitel 4.3 beschriebene Gelatine-gefüllte Mikroemulsion Anwendung. Zuerst wurden 50 ml Dodecan als unpolare Volumenphase, 1,82 g CTAB als Tensid und 5,0 ml Hexanol als Cotensid zusammengegeben und auf 65°C erwärmt. Weiterhin wurde eine kolloidale Gelatinelösung angesetzt, indem 0,3 g Gelatine in 1,0 ml Wasser gelöst und ebenfalls auf 65°C erhitzt wurden. Anschließend wurde 1,0 ml dieser als polare Phase verwendeten, warmen Lösung in die 65 °C warme Eduktmischung gegeben. Dabei bildete sich eine Gelatine-gefüllte Mikroemulsion aus, wodurch die trübe Mischung aufklarte und opaleszent wurde. Die Gelatine-gefüllte Mikroemulsion wurde 5 min bei 65°C gerührt, um eine gleichmäßige Verteilung zu gewährleisten, anschließend langsam unter Rühren auf Raumtemperatur abgekühlt und dann weitere 24 h gerührt. Zur Synthese der Hohlkugelwände wurden 10 ml einer 0,2 molaren Zirconiumtertbutanolat-Lösung in Dodecan schnell in die Gelatine-gefüllte Mikroemulsion zugegeben und 24 h gerührt, danach diese direkt zentrifugiert und der Rückstand zweimal mit Ethanol gewaschen. Dazu wurde der Rückstand in Ethanol resuspendiert, wieder zentrifugiert und der erhaltene Rückstand getrocknet.

4.5.4. Charakterisierung

Zur Überprüfung, ob es sich bei den synthetisierten Partikeln tatsächlich um Hohlkugeln handelt, wurden zuerst Struktur und Morphologie der Partikel mittels STEM-Aufnahmen untersucht. Auf den STEM-Aufnahmen waren, wie typisch für Hohlkugeln, sphärische Partikel mit einem Hohlraum zu erkennen (Abbildung 54). Der unterschiedliche Kontrast der Partikel ist durch temporäre Aufladungseffekte zu begründen, welche die Partikel dunkel erscheinen lassen. Als Nächstes wurde die Größe der synthetisierten Partikel mittels der Scandium Software ausgemessen. Der gemessene Partikeldurchmesser betrug 10-15 nm und der Hohlraumdurchmesser 4-8 nm, woraus sich eine Wandstärke von etwa 5 nm ergab.

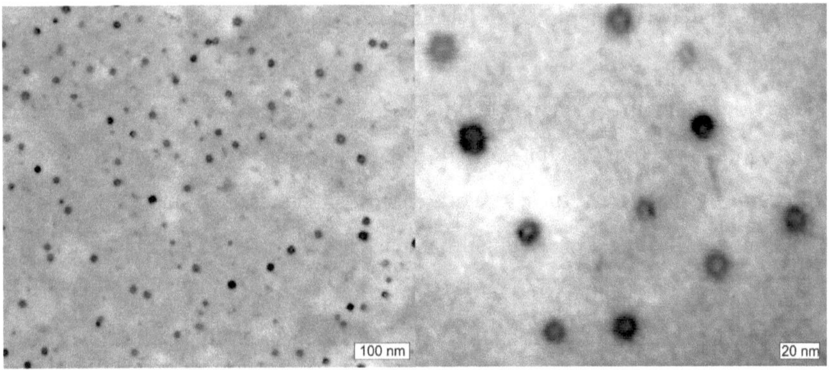

Abbildung 54: *STEM-Aufnahmen der Zirconiumdioxid-Hohlkugeln, links Übersichtsaufnahme, rechts Detailaufnahme.*

Zur genaueren Analyse der Partikelgröße und Morphologie sowie der Kristallinität wurde ein HR-TEM mit einer deutlich höheren Auflösung verwendet (Abbildung 55).

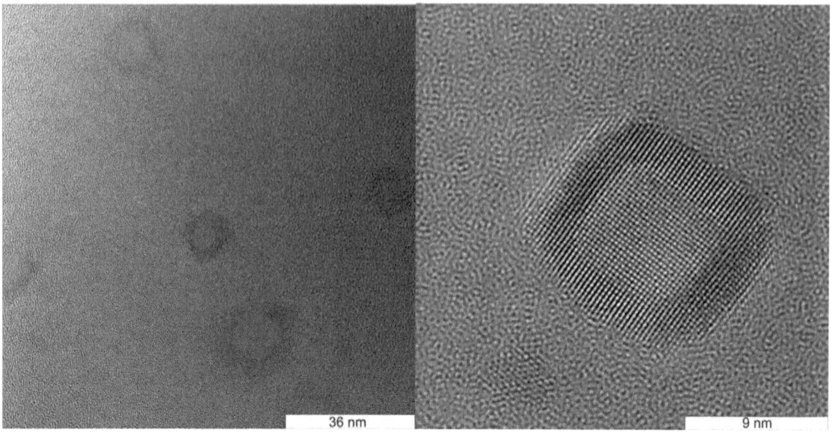

Abbildung 55: *HR-TEM-Aufnahmen der Zirconiumdioxid-Hohlkugeln: links Übersichtsaufnahme, rechts Detailaufnahme.*

In der Übersichtsaufnahme sind Partikel mit einer Größe von 10-15 nm zu erkennen, welche eine enge Größenverteilung aufweisen. Die Partikel haben einen Hohlraum mit einem Durchmesser von 4-8 nm, woraus sich eine Wandstärke von 3 nm ergibt. Da HR-TEM-Aufnahmen eine deutlich höhere Auflösung besitzen, ist dieser Wert signifikanter als der aus den STEM-Aufnahmen erhaltene. In Detailaufnahmen (Abbildung 55, rechts) ist eine Hohlkugel von ca. 15 nm Durchmesser zu erkennen. Deutlich sichtbar sind die Netzebenen, welche durch kristalline Bereiche hervorgerufen werden. Da die Netzebenen keine Phasengrenzen aufweisen, sondern homogen über die gesamte Hohlkugel ausgebildet sind, ist von einer einkristallinen Hohlkugel auszugehen. Auch in den Übersichtsaufnahmen sind die Netzebenen in den Zirconiumdioxid-Hohlkugeln sichtbar. Der an mehreren Hohlkugeln gemessene Netzebenenabstand beträgt 2,95 Å, welches dem (011) Reflex von tetragonalem Zirconiumdioxid (ICCD-Nr. 00-050-1089) entspricht. Dies ist der Reflex mit der höchsten Intensität in Pulverdiffraktogrammen des tetragonalen und des kubischen Zirconiumdioxids. Die Kristallinität der Probe ist allerdings damit noch nicht bewiesen, da durch die Bestrahlung mit einem hochenergetischen Elektronenstrahl, wie er bei TEM Aufnahmen verwendet wird, Proben kristallisieren können.

Zur Analyse der Kristallinität der Zirconiumdioxid-Hohlkugeln wurde daher zusätzlich ein Pulverdiffraktogramm angefertigt. Dieses zeigt keine ausgeprägten Reflexe, allerdings sind zwei extrem verbreiterte Reflexe bei den 2θ-Werten an der Position der zwei stärksten Reflexe von tetragonalem Zirconiumdioxid (ICCD-Nr. 00-050-1089) sichtbar (Abbildung 56).[92] Nach der Ostwaldschen Stufenregel ist diese Phase zu erwarten.[93] Es ist daher anzunehmen, dass eine Mikrokristallinität der Hohlkugeln gegeben ist.

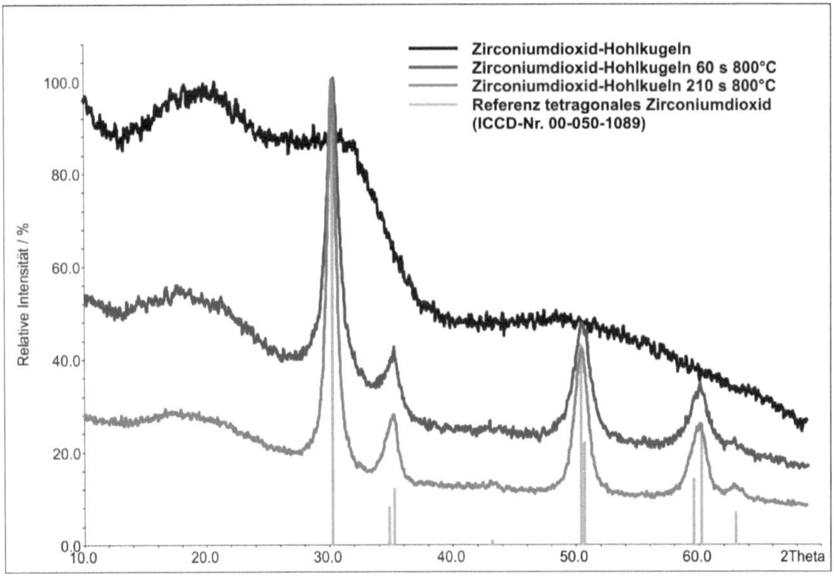

Abbildung 56: *Pulverdiffraktogramme von Zirconiumdioxid-Hohlkugeln und getemperten Zirconiumdioxid-Hohlkugeln, Referenz tetragonales Zirconiumdioxid (ICCD-Nr. 00-050-1089).*

Die Kristallitgröße ist durch die Partikelgröße und die Hohlkugelstruktur, welche die Zirconiumdioxid-Anteile auf die Hülle beschränkt, begrenzt. Auch stimmen die zugeordneten Reflexe mit den im TEM sichtbaren Reflexen überein. Der stärkste Reflex, der dem im TEM-Bild sichtbaren Netzebenenabstand entspricht, ist auch im Pulverdiffraktogramm am deutlichsten ausgeprägt. Zur Verifizierung dieser Annahme wurden die Hohlkugeln zum Kristallisieren getempert. Nach dem Kalzinieren bei 600 °C für 60 s sind im Pulverdiffraktogramm die Reflexe von tetragonalem Zirconiumdioxid deutlich sichtbar. Diese zeigen eine starke Verbreiterung, was auf sehr kleine kristalline Bereiche hindeutet. Eine Berechnung mittels Scherrer-Gleichung ergab eine Kristallitgröße von 7 nm. Durch die Hohlkugelmorphologie sind kleinere kristalline Bereiche als die in den HR-TEM-Aufnahmen gemessenen Partikeldurchmesser zu erwarten. Die niedrige Temperatur und die kurze Zeit sind nicht ausreichend, um Zirconiumdioxid zu kristallisieren, da tetragonales Zirconiumdioxid erst bei Temperaturen über 1100 °C kristallisiert.[94] Um ein vollständiges Entfernen der Gelatine zu erreichen und um den Einfluss auf die Kristallitgröße zu untersuchen, wurde das Verhalten der Probe bei längerem Tempern untersucht. Die 210 s getemperten Hohlkugeln zeigen im Pulverdiffraktogramm (Abbildung 56), wie erwartet, schmalere Reflexe als die nur 60 s kalzinierte Probe. Eine Berechnung der Kristallitgröße mittels Scherrer-Gleichung ergab 9 nm. Folglich ist die Kristallitgröße um 2 nm gegenüber den 60 s getemperten Zirconiumdioxid-Hohlkugeln gewachsen. Damit ist auch die bei den 210 s getemperten Zirconiumdioxid-Hohlkugeln gemessene Kristallitgröße kleiner als der in den HR-TEM-Aufnahmen gemessenen Partikeldurchmesser. Ein Kalzinieren der Zirconiumdioxid-Hohlkugeln für 600 s bei 600°C bewirkt keine weitere Verbreiterung der Reflexe im Pulverdiffraktogramm gegenüber den 210 s getemperten Hohlkugeln. Mittels Scherrer-Gleichung resultiert daraus die gleiche Kristallitgröße woraus abzuleiten ist, dass die Kristallite während des längeren Temperns nicht mehr gewachsen sind.

Die Morphologie der Partikel nach dem Kalzinieren wurde mittels STEM und HR-TEM Aufnahmen untersucht. Die STEM Aufnahmen der 600 s bei 600 °C kalzinierten Zirconiumdioxid-Hohlkugeln zeigen Partikel mit Hohlkugelmorphologie, die den unbehandelten Zirconiumdioxid-Hohlkugeln gleichen (Abbildung 57). Dies legt den Schluss nahe, dass durch das Tempern die Hohlkugelstruktur nicht zerstört wurde.

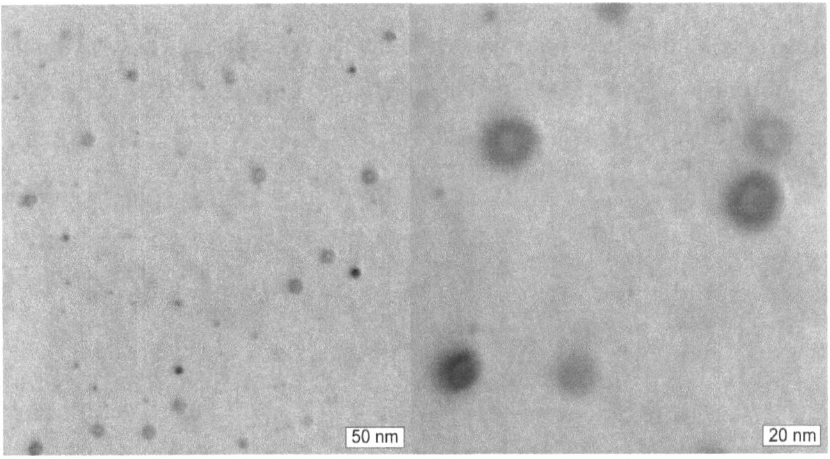

Abbildung 57: *STEM-Aufnahmen von Zirconiumdioxid-Hohlkugeln nach Tempern, links Übersichtsaufnahme, rechts Detailaufnahme.*

Da die Kristallisation ohne Zerstörung der Hohlkugelstruktur stattfand, ist es wahrscheinlich, dass die Hohlkugeln direkt aus der Synthese kristallin entstanden und nicht erst im HR-TEM durch den Elektronenstrahl kristallisierten. Im Pulverdiffraktogramm der nicht kalzinierten Zirconiumdioxid-Hohlkugeln zeigen sich extrem verbreiterte Reflexe, die mit den stärksten Reflexen von tetragonalem Zirconiumdioxid übereinstimmen.

Nach dem Kalzinieren verringert sich die Breite der Reflexe im Pulverdiffraktogramm, was darauf hindeutet, dass die Zirconiumdioxid-Hohlkugeln vor dem Tempern zumindest kristalline Anteile besitzen. Auch die Tatsache, dass tetragonales Zirconiumdioxid für Nanopartikel mit einer Oberfläche von 5.000 m^2mol^{-1} bis 15.000 m^2mol^{-1} die thermodynamisch stabile Phase ist, unterstützt diese These.[95] In den meisten Arbeiten über nanoskaliges Zirconiumdioxid wurden Partikel aus tetragonalem oder amorphem Zirconiumdioxid erhalten.[68]

Beim Kalzinieren bei 600 °C für 60 s zersetzte sich der organische Kern der Probe nur teilweise, was an einer Schwarzfärbung der Probe ersichtlich war (Abbildung 58 links). Zum kompletten Entfernen des organischen Kerns wurde die Probe daher 210 s bei 600 °C unter normaler Atmosphäre getempert, dabei färbte sie sich weiß (Abbildung 58 rechts).

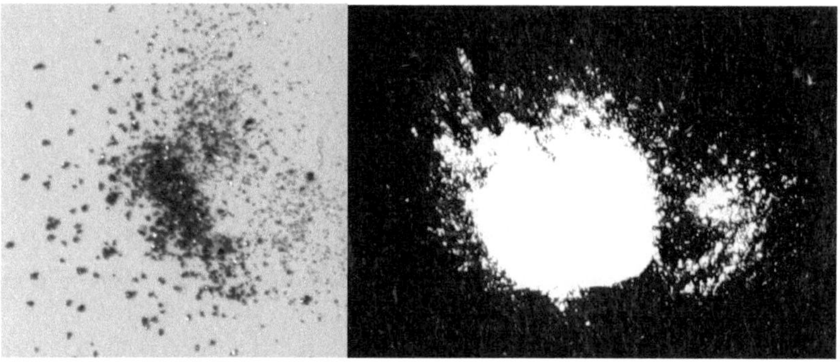

Abbildung 58: *Foto Zirconiumdioxid-Hohlkugeln nach Tempern bei 600°C (links: 60 s; rechts 210 s).*

Eine HR-TEM-Aufnahme der Hohlkugeln zeigt, dass diese sich nicht verändert haben (Abbildung 59). Kurzzeitiges Tempern zum Entfernen der Gelatine ist daher ohne Zerstörung der Hohlkugel möglich. Selbst nach dem Kalzinieren bei

600 °C für 600 s sahen die Hohlkugeln im STEM noch intakt aus (Abbildung 57).

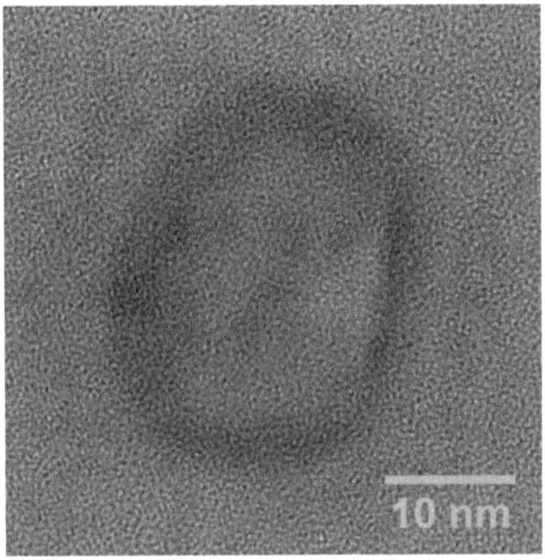

Abbildung 59: *HR-TEM-Aufnahme von Zirconiumdioxid-Hohlkugeln nach Kalzinieren (600 °C, 210 s).*

Zur genaueren Untersuchung des Zersetzungsverhaltens des Gelatinekernes wurde eine thermogravimetrische Analyse durchgeführt (Abbildung 60). Dabei wurde das thermische Zersetzungsverhalten unter Stickstoff-Atmosphäre von reiner Gelatine mit dem Verhalten der Zirconiumdioxid-Hohlkugeln verglichen. Der gesamte Gewichtsverlust beim Erhitzen auf 800 °C beträgt 65 % bei den Hohlkugeln und 98 % bei reiner Gelatine.

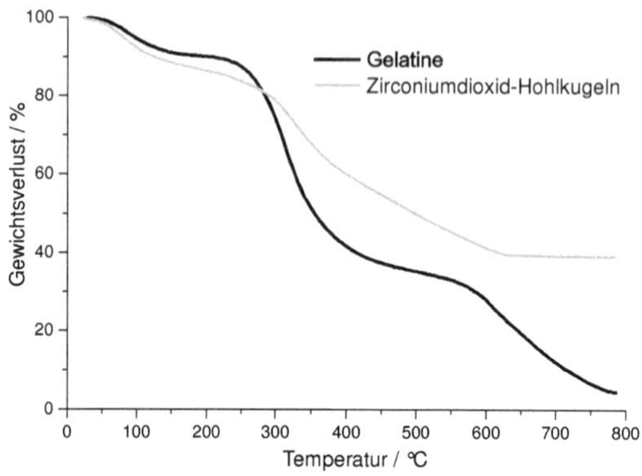

Abbildung 60: *Thermogravimetrie von Zirconiumdioxid-Hohlkugeln und reiner Gelatine.*

Die Zersetzung des organischen Anteils der Hohlkugel-Probe findet in zwei Stufen statt. Bei dem ersten Zersetzungsschritt, im Temperaturbereich von Raumtemperatur bis 200 °C, wird an der Oberfläche gebundenes Wasser abgegeben und organische Reste aus dem Mikroemulsionsansatz wie Dodecan, CTAB und Hexanol werden zersetzt oder verdampft. Dies verursacht einen Gewichtsverlust von 15 %. Bei Temperaturen über 200 °C zersetzt sich die Gelatine im Hohlkugelkern. Dies verursacht einen Gewichtsverlust von 50 %. Ab einer Temperatur von 600 °C finden keine weiteren messbaren Zersetzungsreaktionen an den Zirconiumdioxid-Hohlkugeln mehr statt. Als Rückstand bleiben die anorganischen Anteile der Gelatine und die Zirconiumdioxid-Hülle zurück.

Bei genauerer Betrachtung fällt der schnellere Gewichtsverlust der Zirconiumdioxid-Hohlkugeln gegenüber der reinen Gelatine im Temperaturbereich bis 300 °C auf. In dieser Stufe werden, wie bereits erwähnt, die oberflächengebundene Wassermoleküle und organische Reste aus der Synthese verdampft oder zersetzt.

Die im Vergleich zur Gelatine schnellere Gewichtsabnahme der Zirconiumdioxid-Hohlkugeln im Temperaturbereich bis 300 °C kann durch organische Synthesereste wie Dodecan, CTAB, Hexanol, Tertbutanol und Ethanol verursacht werden, die in diesem Temperaturbereich verdampfen oder sich zu zersetzen beginnen.

Zur Untersuchung der organischen Reste auf der Oberfläche der Zirconiumdioxid-Hohlkugeln und zur Analyse des Gelatinekerns wurden FT-IR-Spektren aufgenommen (Abbildung 61). Das FT-IR-Spektrum der Zirconiumdioxid-Hohlkugeln wurde mit FT-IR-Spektren der kalzinierten Hohlkugeln verglichen, um die Zersetzung des Gelatineanteils zu verifizieren. Als Referenz diente ein FT-IR-Spektrum von reiner, mit Wasser gequollener Gelatine.

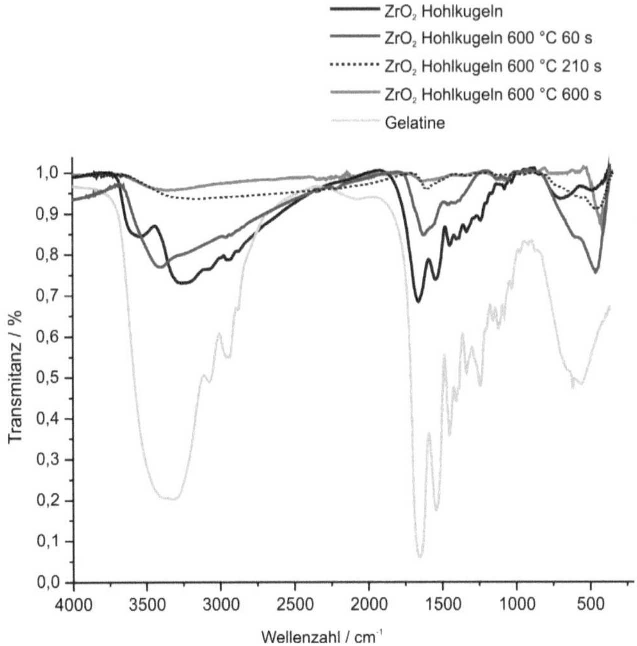

Abbildung 61: *FT-IR-Spektren von Zirconiumdioxid-Hohlkugeln, getemperten Zirconiumdioxid-Hohlkugeln und Gelatine.*

Deutlich sichtbar sind die starken υ(O-H) Banden bei 3600-3100 cm^{-1}, welche auf Wasser hindeuten. Die Banden bei 3100-2850 cm^{-1} υ(C-H) und 1700-1000 cm^{-1} (υ(C=O), υ(C-O), υ(C-C), δ(C-H), Fingerprintbereich) werden durch die Gelatine verursacht, sie sind in dem Spektrum reiner Gelatine in ähnlicher Form vorhanden.[38] Die breiten Banden unterhalb 500 cm^{-1} können den Zr-O Gitterschwingungen des Zirconiumdioxids zugeordnet werden.[71] Banden, die auf eine Bedeckung der Oberfläche der Zirconiumdioxid-Hohlkugeln mit organischen Produktresten hinweisen, waren im FT-IR-Spektrum nicht erkennbar. Es ist allerdings möglich, dass sie durch die ausgeprägten Banden des Gelatineanteils verdeckt werden. Die OH-Banden und die Banden der Gelatine sind in den Hohlkugeln deutlich schwächer ausgeprägt als in reiner Gelatine, was so auch zu erwarten ist. Bei längerem Tempern nehmen erwartungsgemäß sowohl die Gelatinebanden als auch die OH-Banden ab. Ein Kalzinieren der Zirconiumdioxid-Hohlkugeln für 210 s oder länger bewirkt ein vollständiges Verschwinden der organischen Anteile und es sind im FT-IR-Spektrum nur noch die Zr-O Schwingungen sichtbar.

Zur Analyse der optischen Eigenschaften der synthetisierten Hohlkugeln wurden die UV-Vis Spektren der Hohlkugeln mit denen von Zirconiumdioxid-Nanopartikeln und reiner, getrockneter Gelatine verglichen (Abbildung 62). Als Vergleichssubstanz wurden Zirconiumdioxid-Nanopartikel von Sigma-Aldrich mit einem durchschnittlichen Durchmesser von 100 nm eingesetzt. Beide Proben haben ein sehr ähnliches UV-Vis Spektrum. Das Spektrum der Hohlkugeln ist um etwa 20 nm zu größeren Wellenlängen hin verschoben. Es ist auch erkennbar, dass das UV-Vis Spektrum der Zirconiumdioxid-Hohlkugeln aus einer Überlagerung der Spektren von Zirconiumdioxid und Gelatine besteht.

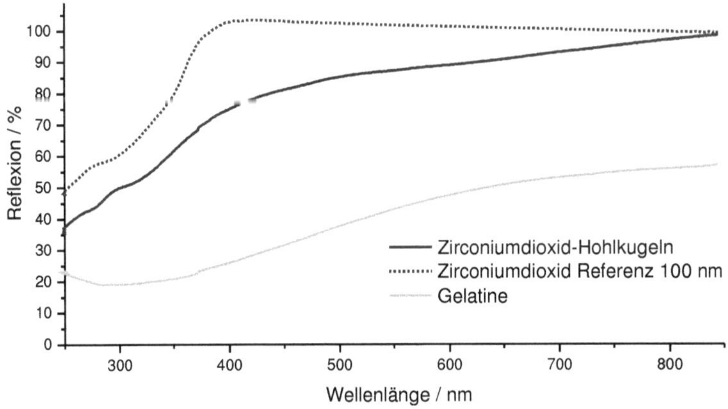

Abbildung 62: *UV-Vis Spektren von Zirconiumdioxid-Hohlkugeln, getrockneter Gelatine und Zirconiumdioxid Nanopartikel.*

Zur Charakterisierung der synthetisierten Hohlkugeln wurde die Oberfläche der Probe mittels der BET-Analyse ermittelt. Die gemessene spezifische Oberfläche der Zirconiumdioxid-Hohlkugeln beträgt 97,5 m^2g^{-1}, was umgerechnet 11.980 m^2mol^{-1} entspricht. Bei zunehmenden Oberflächen gewinnt die Oberflächenenthalpie an Gewicht, so dass eine thermodynamische Stabilisierung metastabiler Phasen möglich ist. Die Oberflächenenthalpie nimmt für Zirconiumdioxid in der Reihe monoklin, tetragonal, amorph ab. Für größere Oberflächen der Partikel nimmt der Anteil der Oberflächenenthalpie eine größere Bedeutung ein, so dass die Stabilität für größere Oberflächen von monoklin zu amorph zunimmt. Bei den Zirconiumdioxid-Hohlkugeln deutet die gemessene Oberfläche auf eine Stabilisierung der tetragonalen Zirconiumdioxidphase hin.[95] Dies stimmt mit den Pulverdiffraktogrammen der Hohlkugeln überein. Vergleicht man die gemessene Oberfläche der Hohlkugeln mit den gemessenen Oberflächen für Zirconiumdioxid-Nanopartikel, welche veröffentlicht wurden,[67, 69] so stellt man fest, dass Partikel mit 5 nm Durchmesser ähnliche Oberflächen haben. Die BET-Analyse der bei 600 °C für 210 s getemperten Partikel ergibt einen Wert von 73 m^2g^{-1}. Die spezifische

Oberfläche der Hohlkugeln hat sich also beim Kalzinieren nur minimal verringert.

Die Adsorptions- und Desorptionsisothermen (Abbildung 63) der Zirconiumdioxid-Hohlkugeln weisen eine Hysterese auf und entsprechen dem Typ IV aus Kapitel 2.6. Dies weist auf das Vorhandensein von Poren mit einer Größe zwischen 2-50 nm hin und könnte eine Zugänglichkeit des Hohlraums der Hohlkugeln bedeuten. Da bei anderen nanoskaligen, oxidischen Hohlkugeln eine Diffusion größerer Moleküle wie beispielsweise dem Thiocyanation beobachtet wurde, ist ein Verdampfen des Wasseranteils der Gelatine und ein Einlagern von Stickstoff wahrscheinlich.[11]

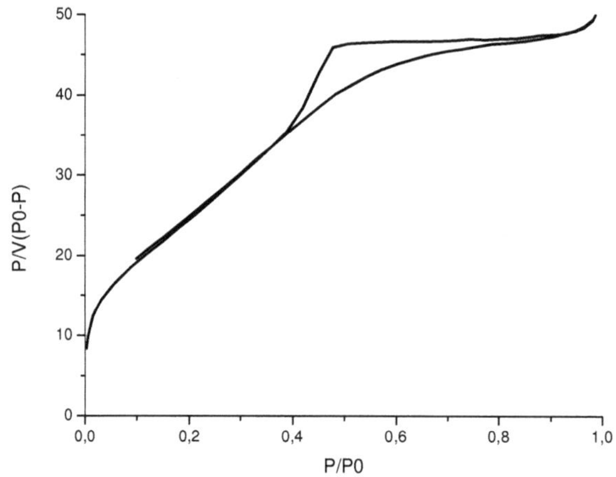

Abbildung 63: *Adsorptions- und Desorptionsisotherme von Zirconiumdioxid-Hohlkugeln.*

Zirconiumdioxid katalysiert Reaktionen von organischen Verbindungen mit Kohlenstoffdioxid, beispielsweise Methanol zu Dimethylcarbonat[87, 96] oder, in Kombination mit Kupfer oder Platin, die Direktsynthese von Methanol aus Kohlenstoffdioxid und Wasserstoff.[67] Eine Untersuchung der Sorption der synthetisierten Zirconiumdioxid-Hohlkugeln ist deshalb von Interesse. Vor

Messung der Sorption erfolgte eine Aktivierung bei 150 °C und 10^{-3} mbar für 5 Stunden, um die Oberflächen von adsorbierten Stoffen, wie zum Beispiel Wasser, zu befreien. Die Adsorptionsmessung wurde bei 50 °C in einem Druckbereich von 1-80 bar durchgeführt. Die Probe zeigte eine Kohlenstoffdioxid-Adsorption von ca. 87,9 mg g^{-1} bei einem Druck von 60 bar (Abbildung 64). Dieser Wert liegt um das 38-fache über dem in der Literatur angegebenen Wert für Zirconiumdioxid-Nanopartikel (2,3 mg g^{-1} bei 60 bar).[97] Die zum Vergleich herangezogenen metallorganischen Netzwerke (metal-organic framework, MOF) besitzen eine vielfach höhere Kohlenstoffdioxidsorption (zum Beispiel $[CrF(H_2O)_2O(bdc)]_3$ (MIL-101, 176 Gewichtsprozent)[67], $[Zn_4O(btb)_2]$ (MOF-177, 147 Gewichtsprozent))[98-101]. Dies ist zum Teil durch die deutlich höhere Oberfläche (1500-6000 m^2 g^{-1}) und das deutlich geringere spezifische Gewicht der MOFs zu begründen. Auch wurden die Messungen bei Raumtemperatur und niedrigeren Drücken durchgeführt. Bei höheren Temperaturen (320-350 K) erreichen die MOFs die angegebenen Werte nicht oder sie zersetzen sich. Beim Vergleich mit dem häufig zu Vergleichszwecken herangezogenem Zeolith X13[102, 103], welches 30 Gewichtsprozent Kohlenstoffdioxid bei 40 bar 298 k und 22 Gewichtsprozent bei 323 Kelvin sorbiert, erreichen die Zirconiumdioxid-Hohlkugeln mit 8,8 Gewichtsprozent ein Drittel bis Viertel des Wertes. Ein Vergleich mit anderen nanoskaligen Hohlkugeln ist bisher nur mit Böhmit-Hohlkugeln[13] möglich, weil nur von ihnen diese Messdaten vorliegen. Sie besitzen eine Sorption von 26 Gewichtsprozent bei identischen Messbedingungen. Die höhere Sorption lässt sich durch eine größere Oberfläche (530 m^2 g^{-1}), geringeres Gewicht und eine gelatinefreie Kavität begründen. Eine Zusammenfassung der Werte ist der nachfolgenden Tabelle zu entnehmen.

Substanz	Messbedingungen	BET-Oberfläche	CO_2-Sorption (Gewichtsprozent)
Zirconiumdioxid-Hohlkugeln	323 K, 80 bar	97,5 m^2g^{-1}	8 %
Böhmit-Hohlkugeln	323 K, 90 bar	530 m^2 g^{-1}	26 %
Zeolith X13	323 K, 40 bar	1310 m^2 g^{-1}	22 %
Zeolith X13	298 K, 40 bar	1310 m^2 g^{-1}	30 %
MIL-101, $[CrF(H_2O)_2O(bdc)]_3$	304 K, 50 bar	4230 m^2 g^{-1}	147 %
MOF-177, $[Zn_4O(btb)_2]$	298 K, 42 bar	5250 m^2 g^{-1}	176 %

Um festzustellen, welchen Einfluss die Gelatine auf die Kohlenstoffdioxidadsorption ausübt, wurde reine, getrocknete Gelatine als Vergleichsprobe gemessen und dabei angenommen, dass die Gelatine im Hohlkugelkern nach der Aktivierung ebenfalls getrocknet vorliegt. Die Kohlenstoffdioxid-Sorption der Gelatine beträgt für den gesamten gemessenen Druckbereich ca. 6 mg g^{-1}. Wie dieser Wert zeigt, sorbiert die Gelatine kaum Kohlenstoffdioxid und kann somit nicht für die in den Hohlkugeln gezeigte hohe Adsorption von 96,2 mg g^{-1} bei 80 bar verantwortlich sein. Da die gemessene, erhebliche Adsorption auf eine hohe Oberfläche schließen ließ, war eine Untersuchung der generellen Sorptionseigenschaften der Hohlkugeln angebracht. Sie wurde als Vergleichsmessung unter denselben Bedingungen mit Stickstoff durchgeführt. Hierbei war eine deutlich niedrigere Adsorption (15,9 mg g^{-1}) im Vergleich zu Kohlenstoffdioxid (96,2 mg g^{-1}) zu verzeichnen. Die Zirconiumdioxid-Hohlkugeln adsorbieren somit 3,8-mal so viel Kohlenstoffdioxid wie Stickstoff (Verhältnis der Adsorptionen in mol g^{-1}).

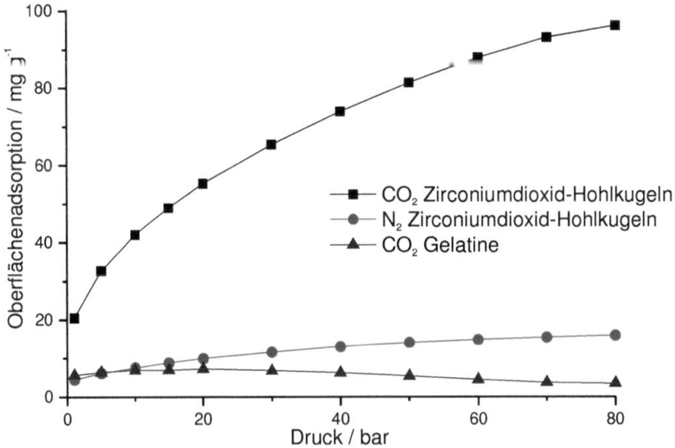

Abbildung 64: *Adsorptionsisothermen von Zirconiumdioxid-Hohlkugeln und Gelatine.*

Untersuchungen der Kohlenstoffdioxidsorbtion an der Zirconiumdioxid-Oberfläche ergaben mehrere Mechanismen:[72]

a) Bildung von Hydrogencarbonat an terminalen Hydroxylgruppen der Zirconiumdioxid-Oberfläche (Abbildung 65 a).

b) Bildung einzähniger Carbonat-Komplexe an ungesättigten O^{2-} Zentren mit ausgeprägter Basizität (Abbildung 65 b).

c) Bildung zweizähniger Carbonat-Komplexe an ungesättigten Zr^{4+}-O^{2-} Zentren (Abbildung 65 c).

d) Bildung mehrzähniger Carbonat-Komplexe an ungesättigten, räumlich naheliegenden Zr^{4+} Zentren (Abbildung 65 d).

Bei tetragonalem Zirconiumdioxid dominieren die Mechanismen c und d.

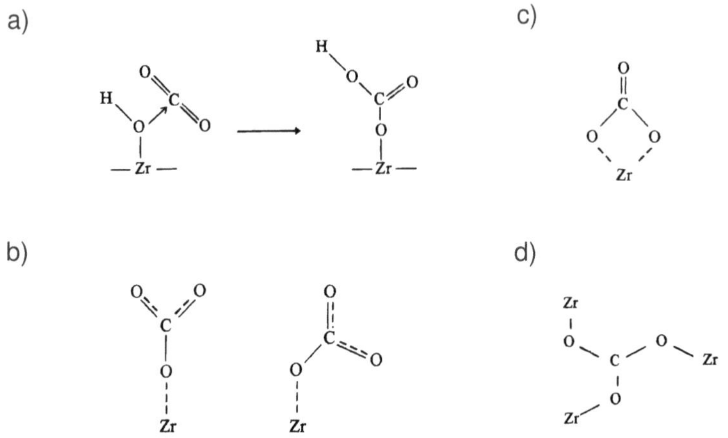

Abbildung 65: *Mechanismen der Kohlenstoffdioxidsorbtion an einer Zirconiumdioxid-Oberfläche (modifiziert übernommen aus [104])*

Bei den Zirconiumdioxid-Hohlkugeln könnte die in der Kavität vorhandene Gelatine eine Säure puffernde Wirkung übernehmen und so möglicherweise eine Erhöhung der Sorption verursachen.

Zusammenfassung

Es lässt sich feststellen, dass Zirconiumdioxid-Hohlkugeln mit einer Größe kleiner als 200 nm erstmalig hergestellt wurden. Die Hohlkugeln besitzen eine einheitliche Größe von 10-15 nm mit einer engen Größenverteilung und einem bei allen Hohlkugeln deutlich ausgeprägten Hohlraum. Die Hülle ist einheitlich mit durchgehenden Netzebenen. Auch das Pulverdiffraktogramm weist auf die Kristallinität der Zirconiumdioxid-Hohlkugeln hin. Die Zirconiumdioxid-Hohlkugeln übertreffen die größte bisher für Zirconiumdioxid-Nanopartikel gemessene Kohlenstoffdioxidsorption, erreichen aber nicht die hohen Werte von MOFs. Im Vergleich mit Zeolith X13 und nanoskaligen Böhmit-Hohlkugeln beträgt die Sorption der Zirconiumdioxid-Hohlkugeln ein Viertel. Beachtlich ist dies, weil die Zirconiumdioxid-Hohlkugeln eine kleinere spezifische Oberfläche als die anderen genannten Materialien aufweisen und Zirconiumdioxid eine hohe Dichte von 6 g cm^{-3} besitzt. Die Kohlenstoffdioxidsorption der Zirconiumdioxid-Hohlkugeln ist auch deshalb von besonderem Interesse, weil Zirconiumdioxid Reaktionen mit Kohlenstoffdioxid katalysiert. Der Gelatinekern der Zirconiumdioxid-Hohlkugeln lässt sich durch Kalzinieren entfernen, ohne dass die Hohlkugelmorphologie zerstört wird.

4.6. Calciumcarbonat-Hohlkugeln

4.6.1. Eigenschaften von Calciumcarbonat

Calciumcarbonat kommt in der Natur in Form von Marmor, Kreide und Kalkstein vor.[72, 73] Auch in biologischen Organismen wie beispielsweise in Krebstieren, Muscheln, Schnecken, Korallen und Einzellern findet sich Calciumcarbonat. Es fungiert meist als Exoskelett und wird von den Lebewesen durch Biomineralisation gebildet. Auch mit menschlichem Gewebe hat Calciumcarbonat eine hervorragende Kompatibilität.[105] Calciumcarbonat gilt als unbedenklich und ist als Lebensmittelzusatz (E170) ohne Höchstmengenbeschränkung zugelassen.[106]

Technisch wird es als günstiger Füllstoff bei Papier, Kunstoffen und Lacken verwendet und ersetzt dort teilweise das teurere Weißpigment Titandioxid. Ebenso wird es als Zuschlag in der Stahlindustrie und als Düngemittel eingesetzt. Die Hauptverwendung von Calciumcarbonat ist jedoch die Herstellung von Zement und Branntkalk für die Bauindustrie.

Calciumcarbonat kristallisiert in drei verschiedenen Modifikationen: In der thermodynamisch stabilen rhomboedrischen Kristallstruktur des Calcits, in der metastabilen, ortho-rhombischen Phase Aragonit und als ebenfalls metastabiler, zur Umwandlung in Calcit neigender, hexagonaler Vaterit. Letzterer kommt aus diesem Grund in der Natur nur selten vor, während die beiden ersten Modifikationen sehr häufig anzutreffen sind. Vaterit bildet sich beim Ausfällen aus übersättigten Lösungen zum Beispiel in Thermalquellen und bei der Biomineralisation. Die Umwandlung in Calcit erfolgt bei 400 °C, bei Anwesenheit von Wasser verursacht das unterschiedliche Löslichkeitsprodukt eine Umwandlung in Calcit schon bei Raumtemperatur.[105, 107-109]

4.6.2. Literaturübersicht nanoskalige Calciumcarbonat-Hohlkugeln

Die meisten in der Literatur bekannten Arbeiten über Calciumcarbonat-Hohlkugeln beschreiben Synthesen für Partikel mit Durchmessern über 1 µm.[110-113] Es lässt sich nur eine Arbeit über kleinere Calciumcarbonat-Hohlkugeln finden. Sie beschreibt eine Synthese von Vaterit-Hohlkugeln mit einer Größe von 80-200 nm. Die Darstellung folgte ausgehend von mit Poly-(4-Natrium-Styrolsulfonat) stabilisiertem, amorphem Calciumcarbonat, das durch Wasserzugabe in Vaterit-Hohlkugeln umgewandelt wurde.[114]

4.6.3. Synthese

Zur Synthese der Calciumcarbonat-Hohlkugeln wurde die unter Kapitel 4.3 beschriebene Gelatine-gefüllte Mikroemulsion eingesetzt. Zuerst wurde eine Eduktmischung aus 50 ml Dodecan, 1,82 g CTAB und 5,0 ml Hexanol angesetzt und auf 65 °C erwärmt. Anschließend wurden 0,3 g Gelatine in 1,0 ml Wasser gelöst, auf 65 °C erwärmt und 1,0 ml dieser warmen, kolloidalen Gelatinelösung in die warme Eduktmischung gegeben, wobei diese opaleszent wurde und sich eine Gelatine-gefüllte Mikroemulsion ausbildete. Die Gelatine-gefüllte Mikroemulsion wurde 5 min bei 65 °C gerührt und anschließend langsam unter Rühren auf Raumtemperatur abgekühlt. Im Anschluss wurden 1,0 ml einer 0,5 molaren, wässrigen Calciumchloridlösung zugegeben, wobei die Gelatine-gefüllte Mikroemulsion trübe wurde, sich aber nach einigen Minuten aufklarte. Anschließend wurde 1,0 ml einer 0,5 molaren, wässrigen Natriumcarbonatlösung zugegeben. Die Gelatine-gefüllte Mikroemulsion wurde 24 h gerührt, anschließend direkt zentrifugiert und der Rückstand zweimal mit Ethanol gewaschen und getrocknet.

4.6.4. Charakterisierung

Zur Analyse der Morphologie der erhaltenen Calciumcarbonat-Partikel wurden STEM-Aufnahmen angefertigt (Abbildung 66). Diese zeigen Partikel mit sphärischer Morphologie und deutlich erkennbarem Hohlraum. Die mit der

Software ImageJ ausgemessene Partikelgröße beträgt 20-30 nm mit einem Hohlraum von ca. 11 nm, woraus sich eine Wandstärke von 5-10 nm ergibt. Eine Übersichtsaufnahme (Abbildung 67) der Calciumcarbonat-Hohlkugeln zeigt die enge Größenverteilung und die einheitliche Morphologie der Hohlkugeln. Der Hohlraum ist selbst in kleiner Vergrößerung deutlich sichtbar.

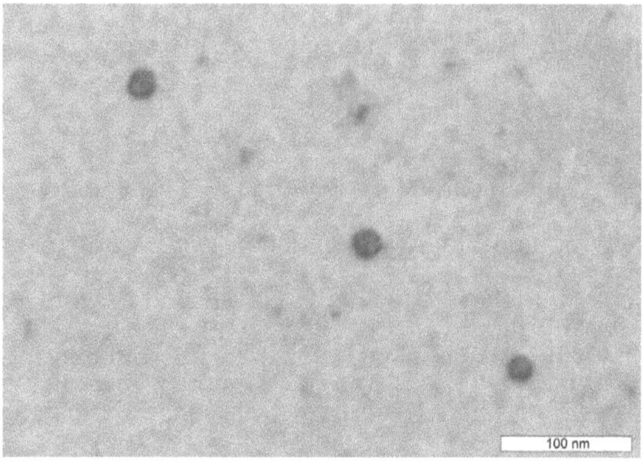

Abbildung 66: *STEM-Detailaufnahme von Calciumcarbonat-Hohlkugeln.*

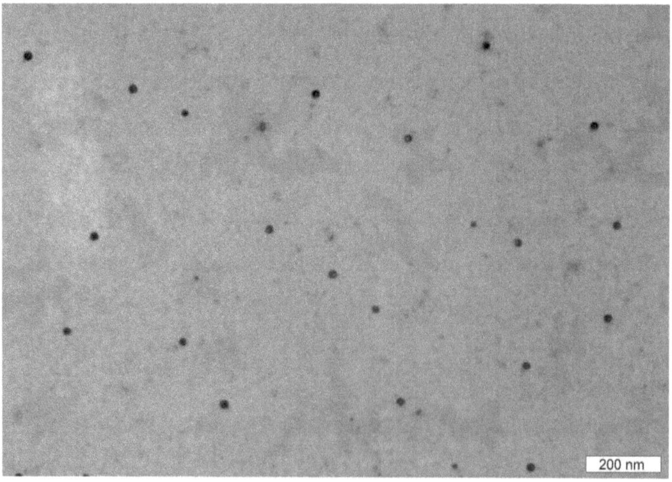

Abbildung 67: *STEM-Übersichtsaufnahme von Calciumcarbonat-Hohlkugeln.*

Zur genaueren Analyse der in den STEM-Aufnahmen sichtbaren Calciumcarbonat-Hohlkugeln wurden HR-TEM Aufnahmen mit einer höheren Auflösung aufgenommen (Abbildung 68).

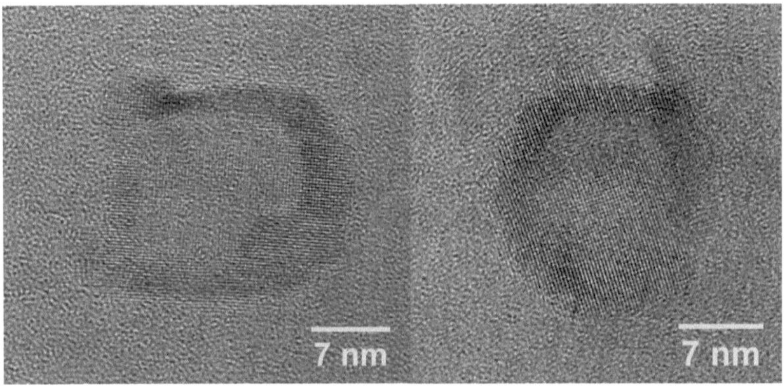

Abbildung 68: *HR-TEM-Aufnahmen von Calciumcarbonat-Hohlkugeln mit Netzebenen.*

In diesen Aufnahmen sind die Hohlkugeln deutlich sichtbar, sie stimmen bezüglich ihrer Morphologie mit den in den STEM-Aufnahmen beobachteten Partikeln überein. Die Bestimmung von Hohlkugeldurchmesser und Wandstärke erfolgte mit der Software ImageJ. Das Ergebnis ist ein Außendurchmesser von 20-30 nm mit einem Hohlraumdurchmesser von 10-20 nm. Die gemessene Wandstärke beträgt 2-5 nm. Die Netzebenen, welche durch kristalline Bereiche hervorgerufen werden, sind in den HR-TEM Aufnahmen gut zu erkennen. Da die Netzebenen keine Bereichsdomänen zeigen, sondern sich homogen über den ganzen sichtbaren Bereich ausbreiten, ist von einer einkristallinen Hohlkugel auszugehen. Der an mehreren Hohlkugeln gemessene Netzebenenabstand beträgt 2,73 A, welches dem (102) Reflex von Vaterit (ICCD-Nr. 01-072-0506) entspricht.

Als weitere Eigenschaft der Calciumcarbonat-Hohlkugeln ist festzustellen, dass sie sich bei der Bestrahlung mit einem hochenergetischen Elektronenstrahl, wie er bei HR-TEM-Analysen verwendet wird, in kurzer Zeit zersetzen (Abbildung 69). Nimmt man von einer Hohlkugel in kurzem Abstand zwei HR-TEM-Bilder auf, so sieht man die sich zersetzende Hülle der Hohlkugel. Ein Zeitraum von 1 s mit einem Elektronenstrahl von 200 kV ist ausreichend, um eine Zersetzung zu bewirken.

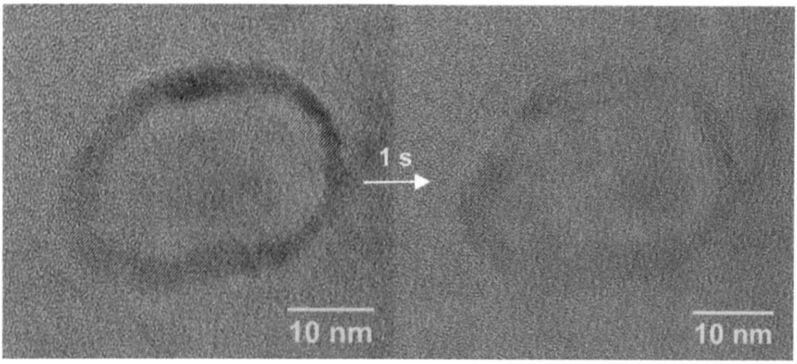

Abbildung 69: *HR-TEM-Aufnahmen von Calciumcarbonat-Hohlkugeln beim Zersetzen während der Bestrahlung mit hochenergetischen Elektronen.*

Zur Überprüfung der Kristallinität der Calciumcarbonat-Hohlkugeln wurde ein Pulverdiffraktogramm aufgenommen (Abbildung 70). In diesem erkennt man verbreiterte Reflexe von Vaterit (ICCD-Nr. 01-072-0506). Im Gegensatz zu den Titandioxid-Hohlkugeln (Kapitel 4.3 und 4.5) sind die Calciumcarbonat-Hohlkugeln ohne weitere Behandlung nach der Synthese kristallin. Eine Bestimmung der Kristallitgröße mittels der Scherrer-Formel ergibt eine Kristallitgröße von 20 nm. Bei einer Hohlkugelgröße von 20-30 nm ist dies ein relativ großer Wert. Das heißt, dass die Hohlkugelwand aus einem sehr großem Kristallit bestehen muss.

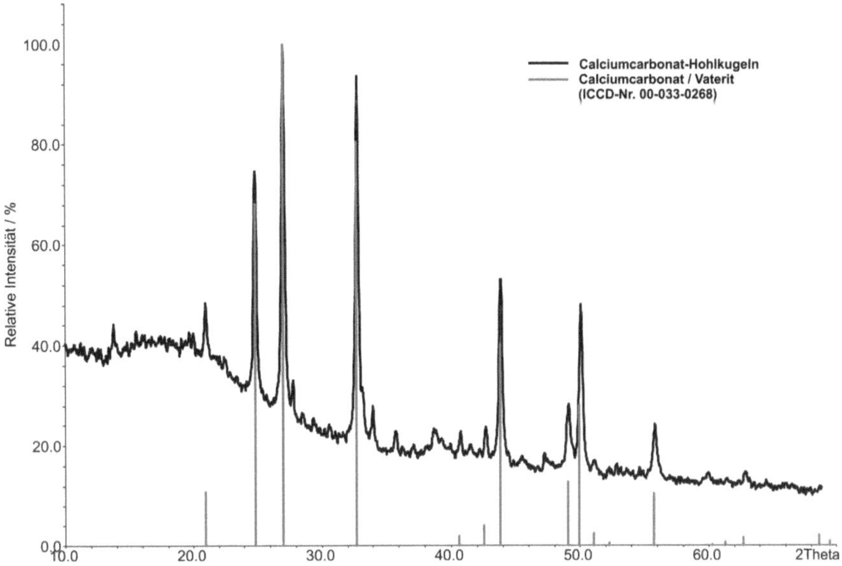

Abbildung 70: *Pulverdiffraktogramm von Calciumcarbonat-Hohlkugeln, Referenz Vaterit (ICCDNr. 00-033-0268).*

Zur genaueren Untersuchung des Gelatinekernes wurde eine thermogravimetrische Analyse durchgeführt (Abbildung 71).

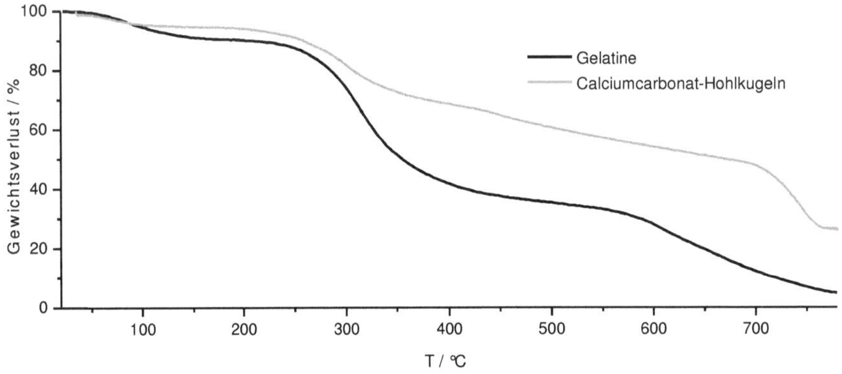

Abbildung 71: *Thermogravimetrie von Calciumcarbonat-Hohlkugeln und Gelatine.*

Dabei wurde das thermische Zersetzungsverhalten von reiner Gelatine mit dem Verhalten der Calciumcarbonat-Hohlkugeln unter Stickstoffatmosphäre verglichen. Der gesamte Gewichtsverlust beim Erhitzen auf 800 °C betrug 68 % bei den Hohlkugeln und 95 % bei reiner Gelatine. Die Zersetzung findet in drei Stufen statt. Bei dem ersten Zersetzungsschritt, im Temperaturbereich von Raumtemperatur bis 200 °C, wird an der Oberfläche gebundenes Wasser abgegeben und organische Reste aus dem Mikroemulsionsansatz wie Dodecan, CTAB und Hexanol werden zersetzt oder verdampft. Dies sind nur geringe Anteile und verursachen einen Gewichtsverlust von 2 %. Der zweite Schritt (bis 650 °C), der einen Gewichtsverlust von 34 % verursacht, setzt im Kern gebundenes Wasser aus der Gelatine frei und zersetzt einen Teil des Gelatinekerns. Im letzten Schritt (bis 800 °C), bei dem ein Gewichtsverlust von ca. 32 % auftritt, wird die Gelatine komplett zersetzt. Das Calciumcarbonat gibt Kohlenstoffdioxid ab und es bildet Calciumoxid. Zurück bleiben nur die anorganischen Anteile der Gelatine und das Calciumoxid, das sich aus der Calciumcarbonat-Hülle gebildet hat.

Zur Kontrolle der Zersetzung der Calciumcarbonat-Hohlkugeln wurde ein Pulverdiffraktogramm nach der Thermogravimetrie aufgenommen (Abbildung 72). Die erhaltenen Reflexe ließen sich eindeutig den Reflexen von Calciumoxid zuordnen. Es waren keine Reflexe von Calciumcarbonat mehr vorhanden, so dass die Zersetzung vollständig abgelaufen sein muss. Normalerweise findet die Zersetzung von Calciumcarbonat zu Calciumoxid bei 900 °C und 1031 mbar statt.[73] Die nanoskaligen Hohlkugelstruktur führt offensichtlich dazu, dass die Zersetzung bei einer tieferen Temperatur auftritt.

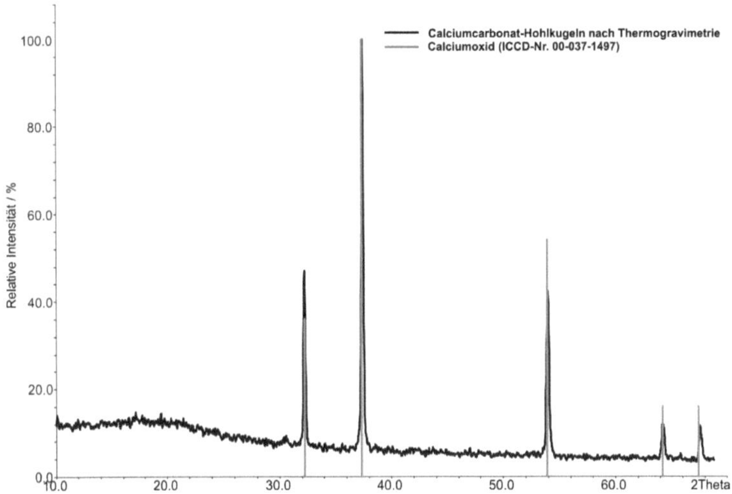

Abbildung 72: *Pulverdiffraktogramm des Rückstandes der Calciumcarbonat-Hohlkugeln nach der Thermogravimetrie.*

Zur Analyse des Gelatinekerns wurde ein FTIR-Spektrum der Calciumcarbonat-Hohlkugeln aufgenommen (Abbildung 73). Die starken υ(O-H) Banden bei 3600-3100 cm^{-1} werden durch die Schwingungen des gebundenen Wassers verursacht. Die Banden bei 3100-2850 cm^{-1} (υ(C-H)) und 1700-1000 cm^{-1} (υ(C=O), υ(C-O), υ(C-C), δ(C-H), Fingerprintbereich) lassen sich der Gelatine zuordnen, sie sind in dem Spektrum reiner Gelatine in ähnlicher Form vorhanden. Die Banden von Vaterit im FT-IR Spektrum der Calciumcarbonat-Hohlkugeln bei 1490 cm^{-1}, 1085 cm^{-1}, 750 cm^{-1} (υ(C=O), υ(C-O), δ(C-O)) sind wegen der starken Überlagerung mit Gelatinebanden kaum sichtbar. Die Bande bei 847 cm^{-1} (δ(C-O)) des Vaterits ist dagegen deutlich ausgeprägt. Das liegt an der hohen Intensität der Bande und daran, dass sie nicht von den Banden der Gelatine verdeckt wird.[115]

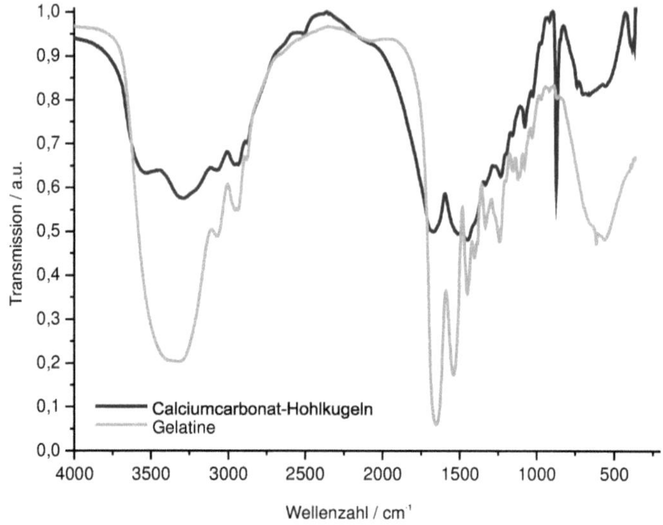

Abbildung 73: *FT-IR Spektren von Calciumcarbonat-Hohlkugeln und Gelatine.*

Zur Charakterisierung der optischen Eigenschaften der Calciumcarbonat-Hohlkugeln wurde ein UV-Vis Spektrum aufgenommen und mit den Spektren von reiner, getrockneter Gelatine und reinem Calciumcarbonat verglichen (Abbildung 74).

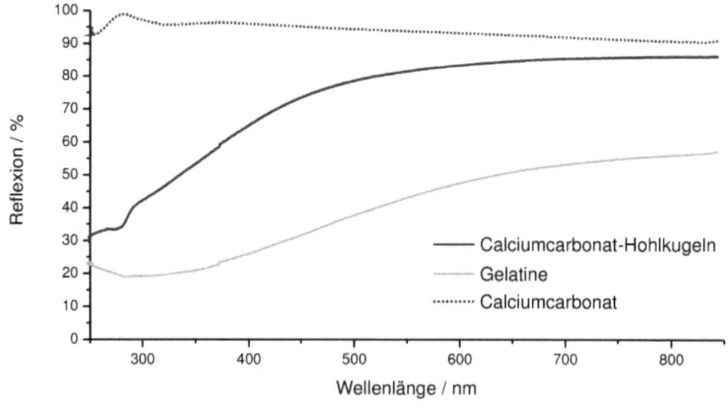

Abbildung 74: *UV-Vis Spektren von Calciumcarbonat-Hohlkugeln, Gelatine und Calciumcarbonat.*

Das UV-Vis Spektrum der Calciumcarbonat-Hohlkugeln stellt eine Überlagerung der beiden Spektren von reinem Calciumcarbonat und reiner Gelatine dar. Es bestätigt den leicht gelblichen Farbstich der Calciumcarbonat-Hohlkugeln. Im Vergleich zu reinem Calciumcarbonat ist eine stärkere Absorption im blauen Bereich (für Wellenlängen < 500 nm) festzustellen.

Zusammenfassung

Es wurde eindeutig bewiesen, dass zum ersten Mal Calciumcarbonat-Hohlkugeln mit einer Größe kleiner als 50 nm hergestellt werden konnten. Die Hohlkugeln besitzen eine einheitliche Größe von 20-30 nm mit einer engen Größenverteilung und einem deutlich ausgeprägten Hohlraum. Die Calciumcarbonat-Hohlkugeln sind direkt nach der Synthese kristallin und zeigen in HR-TEM Aufnahmen deutliche Netzebenen. Bei Bestrahlen mit dem Elektronenstrahl des HR-TEMs findet eine Zersetzung der Calciumcarbonat-Hohlkugeln statt.

4.7. Berliner-Blau-Hohlkugeln

4.7.1. Eigenschaften von Berliner Blau

Berliner Blau, auch bekannt als Preußisch Blau, Turnbulls Blau, Französisch Blau oder Milori Blau, ist ein lichtechtes Pigment, das seit dem 18. Jahrhundert unter anderem in Ölfarben eingesetzt wird. Aufgrund seiner brillanten blauen Farbe und seiner Stabilität gegenüber Ausbleichen und Oxidation ist Berliner Blau heute noch ein verbreitetes Pigment. Es wird beispielsweise in Druckfarben, Lacken, zur Herstellung von Buntpapier und zum Anfärben von Fungiziden verwendet.[116]

In der Medizin findet Berliner Blau als Antidot gegen Thallium-Vergiftungen Verwendung. Die Wirkung besteht im Austausch der Kalium-Ionen des Berliner Blaus gegen Thallium(I)-Ionen, wodurch eine weitere Thallium-Aufnahme in den Organismus verhindert wird. Auf analoge Weise wird Cäsium von Berliner Blau absorbiert. Nach Unfällen mit Freisetzung radioaktiver Cäsium-Isotope, wie in Tschernobyl oder Fukushima, wurde den Betroffenen Berliner Blau verabreicht, um die Verweildauer des radioaktiven Isotops Cäsium 137 im Organismus und die dadurch verursachten Strahlenschäden zu reduzieren.[117] In der Lebensmittelanalytik wird Berliner Blau in Elektroden eingebaut, die als Sensoren zur Bestimmung von Glutamat, Lysin, Oxalat, Formiat und anderen stickstoffhaltigen Bestandteilen von Lebensmitteln eingesetzt werden.[118]

Berliner Blau existiert in einer löslichen und einer unlöslichen Variante. Die lösliche Variante geht bei einem Überschuss von Eisen-Ionen in die unlösliche über:

$$3\ K[Fe^{III}Fe^{II}(CN)_6] + Fe^{3+} \rightarrow 3\ K^+ + Fe^{III}[Fe^{II}Fe^{III}(CN)_6]_3$$

(löslich) (unlöslich)

Die Struktur des Berliner Blaus leitet sich von einem kubischen Gitter ab, dessen Ecken mit Eisen-Ionen besetzt sind. Die Cyanid-Ionen sind entlang der Kanten angeordnet. Die blaue Farbe des Berliner Blaus wird von einem Charge-Transfer-Übergang eines Elektrons von einem Fe^{2+}- zu einem Fe^{3+}-Ion verursacht.[73]

4.7.2. Literaturübersicht nanoskalige Berliner-Blau-Hohlkugeln

In der Literatur lässt sich bisher nur eine Syntheseroute zur Herstellung von Berliner-Blau-Hohlkugeln finden. Dabei wird eine Mini-Emulsion Peripherie Polymerisation eingesetzt. Das dazu verwendete Tensid hat zwei Endgruppen, welche aus Fe^{2+}-Ionen bestehen, die mit Cyanidliganden abgesättigt sind. Durch Zugabe von Fe^{3+}-Ionen wird eine Metallkoordinationspolymerisation an der Phasengrenze initialisiert. Es resultieren Berliner-Blau-Hohlkugeln mit einer Größe zwischen 65 nm und 200 nm, je nach Reaktionsbedingungen.[82]

4.7.3. Synthese

Zur Synthese der Berliner-Blau-Hohlkugeln wurde die unter Kapitel 4.3. beschriebene Gelatine-gefüllte-Mikroemulsion eingesetzt. Zuerst wurden 50 ml Dodecan als unpolare Volumenphase, 1,82 g CTAB als Tensid und 5,0 ml Hexanol als Cotensid zusammengegeben und auf 65 °C erwärmt. Weiterhin wurde ein Gelatinekolloid angesetzt, indem 0,3 g Gelatine in 1,0 ml Wasser gelöst und ebenfalls auf 65 °C erhitzt wurden. Anschließend wurde 1,0 ml dieser warmen Lösung in die warme Eduktmischung gegeben. Es bildete sich eine Gelatine-gefüllte-Mikroemulsion aus, wodurch die trübe Mischung aufklarte und opaleszent wurde. Die Gelatine-gefüllte Mikroemulsion wurde 5 min bei 65 °C gerührt, um eine gleichmäßige Verteilung zu gewährleisten, anschließend unter Rühren langsam auf Raumtemperatur abgekühlt und dann weitere 24 h gerührt. In die opaleszente Gelatine-gefüllte-Mikroemulsion wurde 1,0 ml einer 0,5 molaren, wässrigen gelben Blutlaugensalzlösung ($K_4[Fe(CN)_6]$) hinzugegeben. Die Gelatine-gefüllte Mikroemulsion wurde trübe, klärte sich aber nach 30 min wieder auf. In die klare Gelatine-gefüllte Mikroemulsion wurden nun 2,0 ml einer 0,5 molaren Eisennitratlösung gegeben. Die Gelatine-gefüllte Mikroemulsion färbte sich dabei langsam erst grün, dann blau und zuletzt dunkelblau, metallisch glänzend. Nach 24 h Rühren wurde die Gelatine-gefüllte Mikroemulsion zentrifugiert und der Rückstand durch Resuspendieren und erneutem Zentrifugieren zweimal mit Ethanol gewaschen. Das erhaltene Produkt wurde bei 60 °C unter Normalatmosphäre getrocknet. Übrig blieb ein dunkelblaues bis schwarzes Pulver (Abbildung 75 links). Eine ethanolische Suspension der Berliner-Blau-Hohlkugeln ist hellblau, transparent (Abbildung 75 rechts). Bei Bestrahlung der Suspension mit einer Kaltlichtquelle lässt sich durch den Tyndalleffekt ein Streukegel feststellen.

Abbildung 75: *Foto Berliner-Blau-Hohlkugeln: links getrocknetes Pulver, rechts ethanolische Suspension mit Tyndallkegel.*

Als Referenz für die analytischen Messungen wurde eine Berliner Blau Vergleichsprobe durch Zusammengeben von 5,0 ml einer 0,5 molaren, wässrigen gelben Blutlaugensalzlösung und 10,0 ml einer 0,5 molaren Eisennitratlösung hergestellt. Die Trocknung erfolgte bei 60 °C unter Normalatmosphäre im Temperaturschrank.

4.7.4. Charakterisierung

Zur Analyse der Partikelmorphologie wurden STEM-Aufnahmen aufgenommen (Abbildung 76). Sie zeigten Hohlkugeln mit einem Außendurchmesser von 30-50 nm, einem Innendurchmesser von 10-30 nm und einer Hüllenstärke von 5-25 nm. Des Weiteren zeigten die Hohlkugeln eine enge Größenverteilung und eine einheitliche Morphologie.

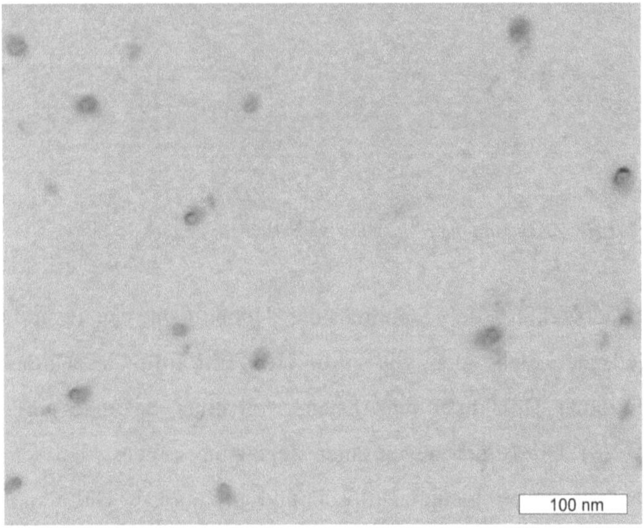

Abbildung 76: *STEM-Übersichtsaufnahme von Berliner-Blau-Hohlkugeln.*

Für die genauere Charakterisierung der Berliner-Blau-Hohlkugeln wurden HR-TEM-Aufnahmen aufgenommen (Abbildung 77). In der HR-TEM-Aufnahme ist eine 45 nm große Hohlkugel abgebildet. Sie besitzt einen Hohlraum von 25 nm und eine Wandstärke von 10-15 nm. Im Gegensatz zu den

Titandioxid- und Zirconiumdioxid-Hohlkugeln (Kapitel 4.3 und 4.5), ist die Hohlkugelwand nicht gleichmäßig dick. Da sich in der Hohlkugelwand Netzebenen erkennen lassen, ist davon auszugehen, dass die Hohlkugeln partiell kristallin sind. Der dort gemessene Netzebenenabstand beträgt 2,83±0,12 Å, was dem (222) Reflex von Berliner Blau (2,92 Å, ICCD-Nr. 01-073-0687) entspricht.

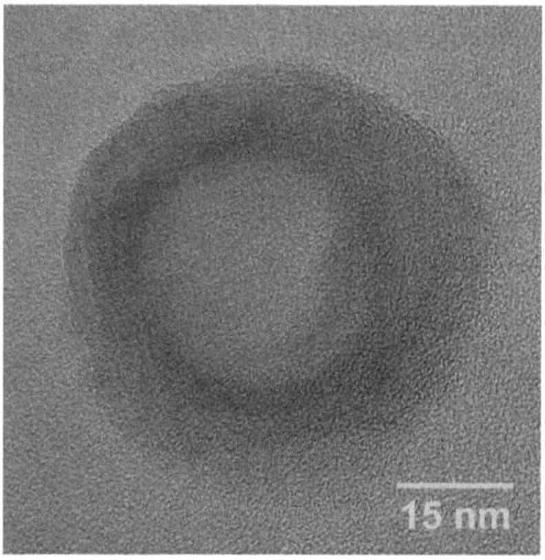

Abbildung 77: *HR-TEM-Aufnahme einer Berliner-Blau-Hohlkugel.*

Für die Untersuchung der Stabilität der Hohlkugeln bei Bestrahlung mit hochenergetischen Elektronen, wie sie im HR-TEM auftreten, wurden mehrere Aufnahmen einer Hohlkugel im Abstand von einer Sekunde aufgenommen (Abbildung 78). Die Bilder zeigen einen Zersetzungsprozess, bei dem sich die Hohlkugeln von innen heraus auflösen und die äußere Hülle am längsten bestehen bleibt.

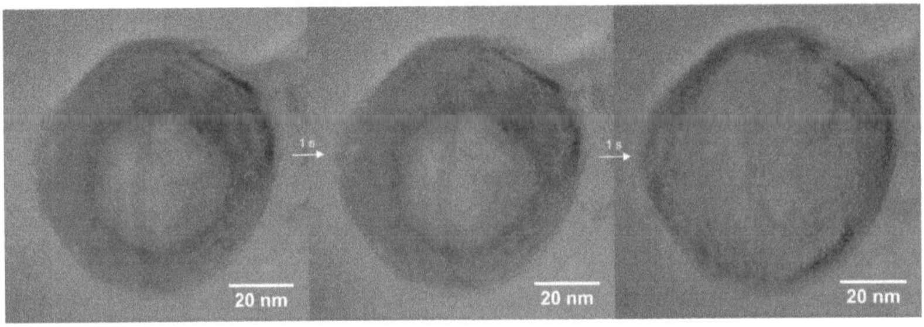

Abbildung 78: *HR-TEM Aufnahmen der Zersetzung von Berliner-Blau-Hohlkugeln im Elektronenstrahl.*

Die Bestimmung des Agglomerationsgrades der Berliner-Blau-Hohlkugeln erfolgte in einer ethanolischen Suspension mittels dynamischer Lichtstreuung (Abbildung 79).

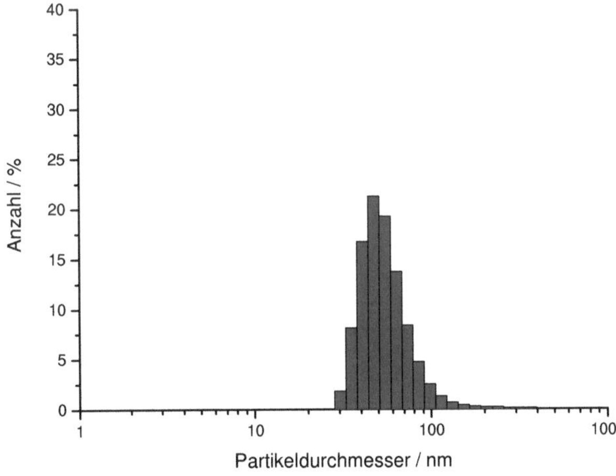

Abbildung 79: *Dynamische Lichtstreuung einer ethanolischen Suspension von Berliner-Blau-Hohlkugeln.*

Die gemessene Größenverteilung zeigt Durchmesser, die den mittels STEM- und HR-TEM-Aufnahmen ermittelten Partikelgrößen entsprechen. Dabei befindet sich das Maximum der Größenverteilung in Übereinstimmung mit den elektronenmikroskopisch gemessenen Größen. Die größeren, gemessenen Durchmesser werden durch eine Agglomeration der Partikel in der Suspension verursacht. Auch das Messprinzip der DLS - sie misst den hydrodynamischen Radius - bewirkt eine Verschiebung zu größeren Durchmessern.

Das Pulverdiffraktogramm der Berliner-Blau-Hohlkugeln zeigt verbreiterte Reflexe, die den Reflexen von unlöslichem Berliner Blau (ICCD-Nr. 01-073-0687) zugeordnet werden können (Abbildung 80).

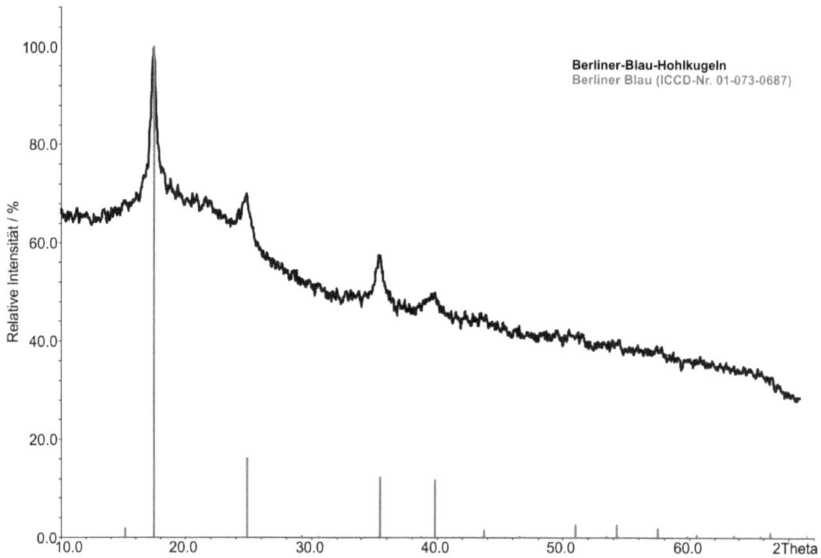

Abbildung 80: *Pulverdiffraktogramm von Berliner-Blau-Hohlkugeln, Referenz Berliner Blau (ICCD-Nr. 01-073-0687).*

Die Bestimmung der Kristallitgröße aus der Reflexverbreiterung mittels Scherrer-Gleichung ergibt eine Kristallitgröße von 13 nm. Sie ist kleiner als die Größe der Hohlkugeln. Da die Kristallstruktur nur auf die Hülle beschränkt ist, ist ein kleinerer Wert als die Partikelgröße auch zu erwarten. Der Reflex bei 40° 2θ der Hohlkugelprobe ist breiter und von geringerer Intensität als die anderen

Reflexe mit ähnlicher Intensität in der Referenz. Die längs der Kugelschalen angeordneten Netzebenen haben eine kleinere Ausdehnung, was zu einer Verbreiterung des Reflexes führt. Dies deutet auf eine Vorzugsrichtung bei der Anordnung der Netzebenen der Hohlkugeln hin. Es kann nicht ausgeschlossen werden, dass die Berliner-Blau-Hohlkugeln nicht einkristallin sind, sondern nur teilweise kristallin oder aus mehreren, unterschiedlichen Kristalliten bestehen. Diese müssen ebenfalls eine anisotrope Ausdehnung mit einer Vorzugsrichtung besitzen.

Die Zersetzung des Gelatinekerns wurde mittels thermogravimetrischer Analyse untersucht und mit der Zersetzung von reiner Gelatine und reinem Berliner Blau verglichen (Abbildung 81).

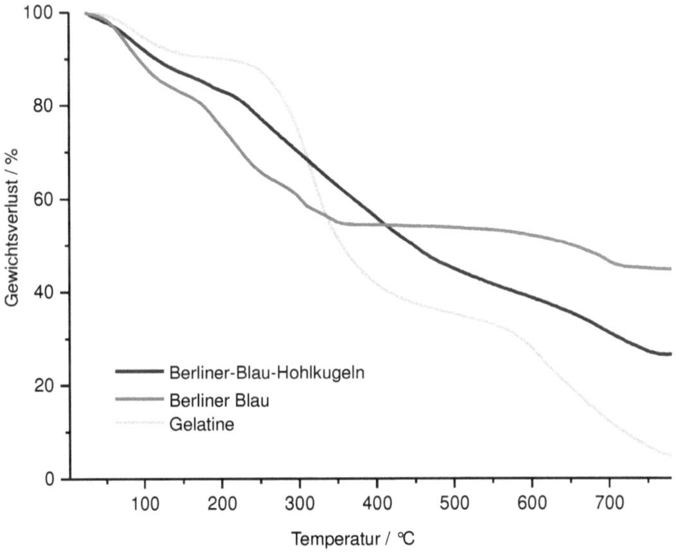

Abbildung 81: *Thermogravimetrie von Berliner-Blau-Hohlkugeln, Gelatine und Berliner Blau.*

Von 20 °C bis 300 °C zersetzen sich die Berliner-Blau-Hohlkugeln schneller als die reine Gelatine, weil sich Berliner Blau in diesem Temperaturbereich bereits zersetzt. Erkennbar ist das am Verlauf der Berliner Blau Vergleichsprobe, welche sich bis 300 °C schneller zersetzt als die Gelatine, weshalb dieser Effekt in diesem Bereich einen größeren Einfluss auf die Zersetzungskurve der Berliner-Blau-Hohlkugeln hat. Ab 300 °C ist die Zersetzung der Gelatine stärker als die Zersetzung von Berliner Blau. Sie beeinflusst somit die Zersetzung in diesem Bereich maßgeblich. Das Resultat für die Berliner-Blau-Hohlkugeln ist demnach eine Überlagerung der Zersetzungskurven von Berliner Blau und Gelatine.

Der nach der Thermogravimetrie erhaltene Rückstand der Berliner-Blau-Hohlkugeln wurde mittels Pulverdiffraktometrie untersucht und konnte dem Magnetit Fe_2O_3 (ICCD-Nr. 01-089-0950) zugeordnet werden.

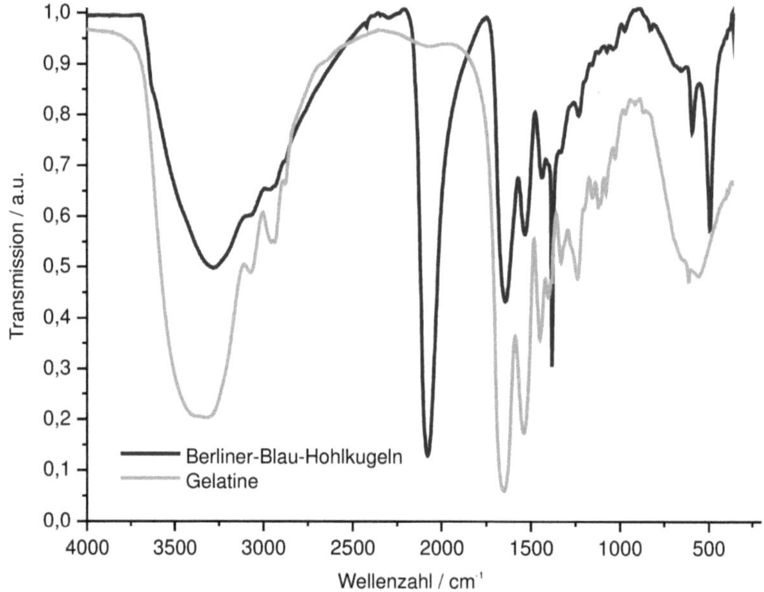

Abbildung 82: FT-IR-Spektren von Berliner-Blau-Hohlkugeln und Gelatine.

Im FT-IR-Spektrum der Berliner-Blau-Hohlkugeln (Abbildung 82) sind die starken υ(O-H) Banden bei 3600-3100 cm^{-1}, welche auf Wasser hindeuten, deutlich sichtbar. Die Banden bei 3100-2850 cm^{-1} υ(C-H) und 1700-1000 cm^{-1} (υ(C=O), υ(C-O), υ(C-C), 1400 cm^{-1} δ(C-H), Fingerprintbereich) werden durch die Gelatine verursacht und sind in dem Spektrum reiner Gelatine in ähnlicher Form vorhanden.[38] Die im Spektrum der Berliner-Blau-Hohlkugeln sichtbaren Banden können folgenden Schwingungen des Berliner Blaus zugeordnet werden: 2075 cm^{-1} (υ(C≡N)), 595 cm^{-1} (δ(Fe-CN)), 495 cm^{-1} (υ(Fe-C)).[119]

Das UV-Vis-Spektrum (Abbildung 83) bestätigt den dunklen, metallischen Farbeindruck. Zur Einordnung des UV-Vis-Spektrums wurde eine Vergleichsprobe folgendermaßen hergestellt: 5,0 ml einer 0,5 molaren, wässrigen gelben Blutlaugensalzlösung und 10,0 ml einer 0,5 molaren, wässrigen Eisennitratlösung wurden zusammengegeben und einige Minuten gerührt. Anschließend wurde die Probe zentrifugiert und bei 60 ° getrocknet. Das Spektrum der Berliner Blau Vergleichsprobe unterscheidet sich nur geringfügig von dem der Berliner-Blau-Hohlkugeln. Da Berliner Blau im kompletten Bereich absorbiert, beeinflusst die im Kern der Berliner-Blau-Hohlkugeln eingeschlossene Gelatine das Spektrum nicht sichtbar.

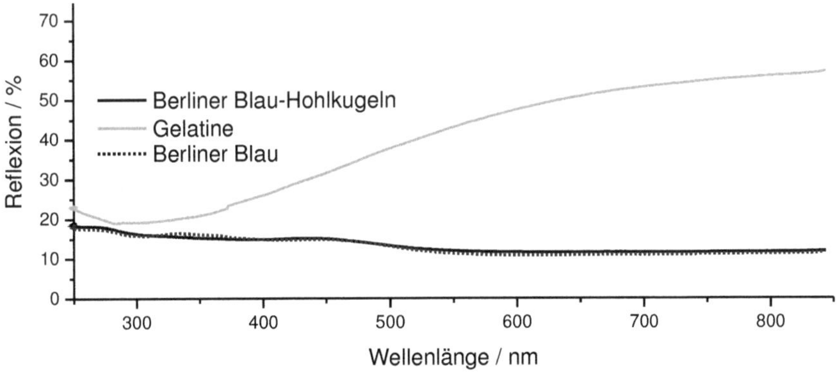

Abbildung 83: *UV-Vis Spektren von Berliner-Blau-Hohlkugeln, Berliner Blau und Gelatine.*

Zur Charakterisierung der Oberfläche der Berliner-Blau-Hohlkugeln wurden diese bei 10^{-3} mbar getrocknet und anschließend einer BET Analyse unterzogen.

Die gemessene spezifische Oberfläche der Berliner-Blau-Hohlkugeln beträgt 137 m^2g^{-1}. Da Gelatine eine spezifische Oberfläche kleiner als 1 m^2g^{-1} hat, deutet dieser hohe gemessene Wert der Berliner-Blau-Hohlkugeln darauf hin, dass auf der Oberfläche der Partikel sehr wenig Gelatinereste zu finden sind. Daraus ist abzuleiten, dass bei der Bildung der Hohlkugel die Gelatine weitestgehend eingeschlossen wird und sich deshalb kaum Gelatine auf der Oberfläche abgelagert hat. Die aus der spezifischen Oberfläche berechnete Partikelgröße von 23 nm ist kleiner als der in den HR-TEM-Aufnahmen gemessene Durchmesser der Hohlkugeln. Ihr Hohlraum verringert die Dichte im Vergleich zu den Vollpartikeln und führt dadurch zu einer höheren gemessenen spezifischen Oberfläche.

Zusammenfassung

Mit der hier beschriebenen Methode wurden zum ersten Mal Berliner-Blau-Hohlkugeln mit einer Größe kleiner als 65 nm synthetisiert. Die Hohlkugeln besitzen eine einheitliche Größe von 30-50 nm mit einer engen Größenverteilung. Der Hohlraum ist bei allen Partikeln deutlich ausgeprägt. Die Wandstärke der Hohlkugeln ist nicht gleichmäßig ausgebildet, sondern zeigt Bereiche mit unterschiedlicher Dicke. Die Hohlkugeln sind direkt nach der Synthese kristallin und zeigen im HR-TEM deutliche Netzebenen. Bei längerem Bestrahlen mit dem Elektronenstrahl des HR-TEMs findet eine Zersetzung der Berliner-Blau-Hohlkugeln statt.

5. Zusammenfassung

Gegenstand der Arbeit war die Synthese nanoskaliger Hohlkugeln mit der Mikroemulsionsmethode. Ausgehend vom Gedanken, mit viskositätserhöhenden Substanzen das Wachstum der Kristalle in das Innere der Hohlkörper zu unterbinden, wurde die Gelatine-gefüllte Mikroemulsion entwickelt. Das temperaturabhängige Viskositätsverhalten der Gelatine erlaubte es, die polare Phase der Mikroemulsion durch Abkühlen zu erhärten und damit Gelatinenanopartikel herzustellen. Der nanoskalige Charakter der Gelatinepartikel wurde nachgewiesen. Trotz der darin vorliegenden, festen Partikel destabilisiert sich die erhaltene Mikroemulsion nicht und sie kann für die Synthese von nanoskaligen Hohlkugeln verwendet werden. Da es sich dabei genaugenommen nicht mehr um eine Mikroemulsion handelt, wurde sie als Gelatine-gefüllte Mikroemulsion bezeichnet.

Im weiteren Verlauf der Arbeit wurde die Methode verfeinert und dabei zwei Synthesestrategien entwickelt. Im ersten Reaktionsweg, der an die Synthese nanoskaliger Hohlkugeln mittels Mikroemulsion angelehnt ist, wird ein Precursor in die unpolare Phase der Mikroemulsion gegeben, wo er an der Phasengrenze der Mizellen mit dem in der polaren Phase vorhandenen Wassermolekülen reagiert und zur Bildung nanoskaliger, gelatinegefüllten Kugeln führt.

Mit dieser Synthesestrategie konnten zum ersten Mal Titandioxid-Hohlkugeln mit einer Größe kleiner 50 nm synthetisiert werden. Sie haben eine einheitliche Größe von 25 - 35 nm mit enger Größenverteilung und zeigen trotz des Gelatineanteils eine photokatalytische Aktivität ähnlich der des Industriestandards Degussa P25.

In einer Abwandlung der Synthese konnte durch Zugabe von Rhodamin B als Fluoreszenzfarbstoff die Containerfunktionalität der Titandioxid-Hohlkugeln demonstriert und mit spektroskopischen Untersuchungen nachgewiesen werden. Die synthetisierten Hohlkugeln fluoreszieren sowohl in einer Suspension als auch im getrockneten Zustand.

Als weiteres Produkt wurden Zirconiumdioxid-Hohlkugeln mit einer Größe kleiner 200 nm hergestellt. Sie besitzen eine Größe von 10 - 15 nm in einer engen Verteilung und eine einheitliche Hülle mit durchgehenden Netzebenen. Die Zirconiumdioxid-Hohlkugeln haben die größte, bisher an Hohlkugeln gemessene Kohlenstoffdioxidsorption, welche bis zu einem Viertel der Werte von Zeolith reicht. Da Zirconiumdioxid Reaktionen mit Kohlenstoffdioxid katalysiert, ist diese Eigenschaft besonders interessant. Durch Kalzinieren lässt sich der Gelatinekern ohne Zerstörung der Hohlkugelmorphologie entfernen, so dass wirkliche Hohlkugeln entstehen.

Beim zweiten Syntheseweg, welcher der Hard-Template-Methode ähnelt, werden beide Edukte als wässrige Lösungen nacheinander in die Gelatine-gefüllte Mikroemulsion gegeben. Dabei lagert sich das erste Edukt an die Gelatinepartikel an und reagiert anschließend mit dem zweiten Edukt zu nanoskaligen Kugeln. Vorteil dieser zweiten Methode ist, dass damit auch günstige Metallsalze zur Reaktion gebracht werden können.

Mit dieser Methode wurden Calciumcarbonat-Hohlkugeln mit einer Größe kleiner 50 nm synthetisiert. Sie haben eine einheitliche Größe von 20 - 30 nm in einer engen Größenverteilung und besitzen einen deutlich ausgeprägten Hohlraum. Die Calciumcarbonat-Hohlkugeln sind direkt nach der Synthese kristallin mit durchgehenden Netzebenen. Bei Bestrahlung mit dem Elektronenstrahl des HR-TEMs zersetzen sie sich.

In einer weiteren Synthese wurden erstmals Berliner-Blau-Hohlkugeln mit einer Größe kleiner 65 nm erhalten. Auch sie zeigen eine einheitliche Größe (30 - 50 nm) in einer engen Verteilung. Der Hohlraum ist bei allen Partikeln gleichmäßig ausgebildet, allerdings ist ihre Wandstärke nicht gleichmäßig. Die

Hohlkugeln sind direkt nach der Synthese kristallin und zeigen im HR-TEM die zum Berliner Blau gehörenden Netzebenen. Im Elektronenstrahl des HR-TEM tritt eine Zersetzung auf, die im Innern beginnt und nach außen hin fortschreitet.

6. Ausblick

Die im Rahmen dieser Arbeit entwickelte neue, zuverlässige und universell einsetzbare Methode zur Synthese nanoskaliger Hohlkugeln ermöglicht die Synthese und Untersuchung einer großen Anzahl an Verbindungen, welche bisher noch nicht als nanoskalige Hohlkugeln zugänglich waren. Ihr Einsatz beispielsweise bei der Katalyse, als Gasspeicher oder als Container für Wirk- und Fluoreszenzfarbstoffe ist denkbar.

Die in dieser Arbeit synthetisierten, nanoskaligen Hohlkugeln aus Berliner Blau, Calciumcarbonat, Titandioxid und Zirconiumdioxid zeigen eine hohe Biokompatibilität und sind in Kombination mit der gezeigten Containerfunktionalität als Wirkstofftransportsystem geeignet. Eine Variation der Freisetzungsgeschwindigkeit oder des Wirkungsortes könnte mit unterschiedlichen Hüllenmaterialien erreicht und somit Ort und Zeitrahmen der Wirkstofffreisetzung eingestellt werden. Die bei der Synthese eingesetzte Gelatine setzt die Biokompatibilität nicht herab und schützt gleichzeitig empfindliche Wirkstoffe während der Synthese.

Auch ein Einsatz als Biomarker, bei denen sich ein Leuchtstoff durch eine stabile, biokompatible Hülle vom Gewebe getrennt befindet, ist denkbar. Hierbei lassen sich auch empfindliche Farbstoffe einsetzen, da bei einer entsprechenden Wahl der Hüllensubstanz ein Kontakt mit der Zelle verhindert wird.

Eine weitere Betrachtung verdient die Möglichkeit die Gelatine zu entfernen, da sie nicht bei jedem Einsatz von Vorteil ist. Das in dieser Arbeit angewandte Kalzinieren ist nur für temperaturunempfindliche Systeme möglich und kann den Anwendungsbereich einschränken. Die Entwicklung weiterer, sanfter Methoden zur Entfernung des Gelatinekerns, wie zum Beispiel enzymatisch mit Bromelain oder das Zerstören der Gelatine durch Kochen in milden Säuren oder Basen, könnte den Einsatzbereich der Hohlkugeln deutlich erweitern.

Auch eine Synthese von Berliner Blau Analoga, wie beispielsweise $Co[Co(CN)_6]_3$, als nanoskalige Hohlkugeln wäre von Interesse, da sich die Bulkformen bei Untersuchungen als sehr effiziente Wasserstoff- und Kohlenstoffdioxidspeicher ausgezeichnet haben.[120] Eine Kombination dieser Eigenschaften mit einer nanoskaligen Hohlkugelmorphologie könnte die Speicherfähigkeit erhöhen und somit einen Lösungsansatz für Transport- und Speicherprobleme bei Wasserstoffanwendungen wie dem Brennstoffzellenauto bieten.

7. Anhang

7.1. Literaturverzeichnis

[1] K. E. Jopp, *Nanotechnologie - Aufbruch ins Reich der Zwerge*, Gabler Verlag, Wiesbaden, **2006**.
[2] V. Wolff, *Manager Magazin* **2007**.
[3] F. Balzer, H.-G. Rubahn, *Phys. Uns. Zeit* **2005**, *36*, 36.
[4] F. Fleischhaker, R. Zentel, *Chem. Uns. Zeit* **2007**, *41*, 38.
[5] H. F. Krug, *Chem. Ing. Tech.* **2008**, *80*, 1653.
[6] H. Frater, N. Podbregar, D. Lohmann, *Neues aus der Nanowelt*, Springer, Berlin, **2008**.
[7] W. Ostwald, *Colloid Polym. Sci.* **1937**, *81*, 195.
[8] H. Goesmann, C. Feldmann, *Angew. Chem.* **2010**, *122*, 1402.
[9] S. Sepeur, *Nanotechnologie : Grundlagen und Anwendungen*, Vincentz Network, Hannover, **2008**.
[10] H. Hoffschulz, P. Krüger, *Vak. Forsch. Prax.* **2009**, *21*, 24.
[11] H. Gröger, C. Kind, P. Leidinger, M. Roming, C. Feldmann, *Mater.* **2010**, *3*, 4355.
[12] S.-W. Kim, M. Kim, W. Y. Lee, T. Hyeon, *J. Am. Chem. Soc.* **2002**, *124*, 7642.
[13] S. Simonato, H. Groger, J. Mollmer, R. Staudt, A. Puls, F. Dreisbach, C. Feldmann, *Chem. Commun.* **2011**.
[14] H.-J. Kim, K.-I. Choi, A. Pan, I.-D. Kim, H.-R. Kim, K.-M. Kim, C. W. Na, G. Cao, J.-H. Lee, *J. Mater. Chem.* **2011**, *21*, 6549.
[15] X. W. Lou, Y. Wang, C. Yuan, J. Y. Lee, L. A. Archer, *Adv. Mater.* **2006**, *18*, 2325.
[16] H. J. Fan, U. Gösele, M. Zacharias, *Small* **2007**, *3*, 1660.
[17] W. Demtröder, *Experimentalphysik 2 : Elektrizität und Optik*, Springer, Berlin, **2009**.
[18] D. B. Williams, C. B. Carter, *Transmission electron microscopy : a textbook for materials science*, Springer, New York, **2008**.
[19] H. D. Dörfler, *Grezflächen und kolloid-disperse Systeme*, Springer, Berlin, **2002**.
[20] R. Gruehn, R. Roß, *Chem. Uns. Zeit* **1987**, *21*, 194.
[21] P. J. F. Harris, *J. Microsc. Oxford* **1997**, *186*, 88.
[22] P. J. F. Harris, *Carbon* **2001**, *39*, 909.
[23] C. Zurmühl, *Diplomarbeit Universität Karlsruhe*, Karlsruhe, **2007**.
[24] W. Hemminger, H. K. Cammenga, *Methoden der thermischen Analyse*, Springer, Berlin, **1989**.
[25] L. Smart, E. Moore, *Einführung in die Festkörperchemie*, Vieweg, Braunschweig, **1995**.
[26] W. Massa, *Kristallstrukturbestimmung*, B. G. Teubner, Stuttgart, **1994**.
[27] W. Borchardt-Ott, *Kristallographie*, Springer, Berlin, **2009**.
[28] R. Allmann, A. Kern, *Röntgenpulverdiffraktometrie : rechnergestützte Auswertung, Phasenanalyse und Strukturbestimmung*, Springer, Berlin, **2003**.
[29] A. Guinier, *X-ray diffraction in crystals, imperfect crystals, and amorphous bodies*, Dover, New York, **1994**.
[30] J. U. Keller, R. Staudt, *Gas Adsorption Equilibria : Experimental Methods and Adsorptive Isotherms*, Springer Science + Business Media, Inc, Boston, MA, **2005**.
[31] S. J. Gregg, *Oberflächenchemie fester Stoffe*, VEB Verlag Technik, Berlin, **1958**.
[32] S. Brunauer, L. S. Deming, W. E. Deming, E. Teller, *J. Am. Chem. Soc.* **1940**, *62*, 1723.
[33] S. Brunauer, P. H. Emmett, E. Teller, *J. Am. Chem. Soc.* **1938**, *60*, 309.

[34] Rubotherm GmbH, *Data Treatment of Experimental Data measured with the RUBOTHERM Magnetic Suspension Balance*, Rubotherm GmBH, Rubotherm, **2010**.
[35] Malvern Instruments Ltd., *Zetasizer Nano User Manual*, Malvern Instruments Ltd., Malvern, **2007**.
[36] Hünig, Kreitmeier, Märkl, Sauer, *Arbeitsmethoden in der organischen Chemie*, Verlag Lehmanns, Berlin, **2006**.
[37] http:\\www.roempp.com, *Römpp Online Version 3.17*, Thieme, Stuttgart, **2011**.
[38] M. Hesse, H. Meier, B. Zeeh, *Spektroskopische Methoden in der organischen Chemie*, Georg Thieme Verlag, Stuttgart, **1995**.
[39] Skoog, Leary, *Instrumentelle Analytik*, Springer, Berlin, **1996**.
[40] Evonik Degussa GmbH Inorganic Materials, *Technical Bulletin No.1243*, Frankfurt am Main, **2011**.
[41] http://de.wikipedia.org/w/index.php?title=Datei:Franck-Condon-Prinzip.svg&filetimestamp=20070812194133, **2011**.
[42] P. W. Atkins, C. A. Trapp, M. Zillgitt, *Physikalische Chemie*, Wiley-VCH, Weinheim., **2006**.
[43] G. Wedler, *Physikalische Chemie*, Wiley-VCH, Weinheim, **2004**.
[44] P. Skrabal, *Spektroskopie : Vom UV- bis zum NMR-Bereich*, UTB, Stuttgart, **2007**.
[45] HORIBA Jobin Yvon, *Fluorolog-3 with Fluoressence - Operation Manual*, **2002**.
[46] H. Mollet, A. Grubenmann, Wiley-VCH, Weinheim; New York, **2000**.
[47] K. Knopf, E. Schollmeyer, *Fett - Lipid* **1991**, *93*, 67.
[48] M. Kahlweit, R. Strey, *Angew. Chem.* **1985**, *97*, 655.
[49] J. Klier, C. J. Tucker, T. H. Kalantar, D. P. Green, *Adv. Mater.* **2000**, *12*, 1751.
[50] R. Heusch, *Ullmann's Encyclopedia of Industrial Chemistry*, John Wiley & Sons, **2007**.
[51] D. H. M. Buchold, C. Feldmann, *Nano Lett.* **2007**, *7*, 3489.
[52] C. Zimmermann, C. Feldmann, M. Wanner, D. Gerthsen, *Small* **2007**, *3*, 1347.
[53] P. Leidinger, R. Popescu, D. Gerthsen, H. Lunsdorf, C. Feldmann, *Nanoscale* **2011**, *3*, 2544.
[54] W. Babel, *Chem. Uns. Zeit* **1996**, *30*, 86.
[55] A. Saxena, K. Sachin, H. B. Bohidar, A. K. Verma, *Colloid. Surface. B* **2005**, *45*, 42.
[56] J. K. Li, N. Wang, X. S. Wu, *J. Microencapsulation* **1998**, *15*, 163.
[57] J.-J. Miao, L.-P. Jiang, C. Liu, J.-M. Zhu, J.-J. Zhu, *Inorg. Chem.* **2007**, *46*, 5673.
[58] Y. Sui, Y. Zhang, W. Fu, H. Yang, Q. Zhao, P. Sun, D. Ma, M. Yuan, Y. Li, G. Zou, *J. Cryst. Growth* **2009**, *311*, 2285.
[59] C.-C. Huang, T.-Y. Liu, C.-H. Su, Y.-W. Lo, J.-H. Chen, C.-S. Yeh, *Chem. Mater.* **2008**, *20*, 3840.
[60] R. Schrieber, H. Gareis, *Gelatine handbook theory and industrial practice*, Wiley-VCH, Weinheim, **2007**.
[61] S. Ebel, H. J. Roth, *Lexikon der Pharmazie*, Thieme, Stuttgart, **1987**.
[62] H. Althues, J. Henle, S. Kaskel, *Chem. Soc. Rev.* **2007**, *36*, 1454.
[63] R. López, R. Gómez, M. E. Llanos, *Catal. Today* **2009**, *148*, 103.
[64] Y. Zhiyong, E. Mielczarski, J. Mielczarski, D. Laub, P. Buffat, U. Klehm, P. Albers, K. Lee, A. Kulik, L. Kiwi-Minsker, A. Renken, J. Kiwi, *Water Res.* **2007**, *41*, 862.
[65] T. A. Kandiel, A. Feldhoff, L. Robben, R. Dillert, D. W. Bahnemann, *Chem. Mater.* **2010**, *22*, 2050.
[66] T. Brockmann, P. Fontana, B. Meng, U. Müller, *Beton- und Stahlbetonbau* **2008**, *103*, 446.
[67] G. Liu, H. G. Yang, X. Wang, L. Cheng, J. Pan, G. Q. Lu, H.-M. Cheng, *J. Am. Chem. Soc.* **2009**, *131*, 12868.

[68] X. Sun, H. Liu, J. Dong, J. Wei, Y. Zhang, *Catal. Lett.* **2010**, *135*, 219.
[69] M. Ni, M. K. H. Leung, D. Y. C. Leung, K. Sumathy, *Renew. Sust. Energ. Rev.* **2007**, *11*, 401.
[70] R. Abe, K. Sayama, K. Domen, H. Arakawa, *Chem. Phys. Lett.* **2001**, *344*, 339.
[71] B. O'Regan, M. Gratzel, *Nature* **1991**, *353*, 737.
[72] N. N. Greenwood, A. Earnshaw, *Chemistry of the elements*, Butterworth-Heinemann, Oxford, **1997**.
[73] A. F. Holleman, N. Wiberg, *Lehrbuch der anorganischen Chemie*, de Gruyter, Berlin, **2007**.
[74] D. Wang, X. Zhang, K. Wu, S. Xu, *Chem. Lett.* **2006**, *35*, 884.
[75] A. Houas, H. Lachheb, M. Ksibi, E. Elaloui, C. Guillard, J.-M. Herrmann, *Appl. Catal. B Environ.* **2001**, *31*, 145.
[76] R. J. Tayade, T. S. Natarajan, H. C. Bajaj, *Ind. Eng. Chem. Res.* **2009**, *48*, 10262.
[77] C.-H. Wu, J.-M. Chern, *Ind. Eng. Chem. Res.* **2006**, *45*, 6450.
[78] W. S. Kuo, P. H. Ho, *Chemosphere* **2001**, *45*, 77.
[79] S. Lakshmi, R. Renganathan, S. Fujita, *J. Photoch. Photobio. A* **1995**, *88*, 163.
[80] A. Syoufian, O. H. Satriya, K. Nakashima, *Catalysis Communications* **2007**, *8*, 755.
[81] C. Feldmann, C. Zurmühl, *Z. anorg. allg. Chem.* **2010**, *636*, 2060.
[82] C. Zurmühl, R. Popescu, D. Gerthsen, C. Feldmann, *Solid State Sci.* **2011**, *13*, 1505.
[83] S. Park, J. M. Vohs, R. J. Gorte, *Nature* **2000**, *404*, 265.
[84] P. Harry L. Faigen, Pa., *Vol. 3912548* (Ed.: I. Amchem Products, Ambler, Pa.), **1975**.
[85] K.-h. Friese, W. Grünwald, *Vol. 0386006* (Ed.: R. B. GMBH), **1995**.
[86] T. Takashi, *Sens. Actuators* **1988**, *14*, 109.
[87] K. Tomishige, Y. Ikeda, T. Sakaihori, K. Fujimoto, *J. Catal.* **2000**, *192*, 355.
[88] P. T. Boaz, *Vol. 5090983* (Ed.: F. M. Company), **1992**.
[89] L. Sennerby, A. Dasmah, B. Larsson, M. Iverhed, *Clin. Implant Dent. R.* **2005**, *7*, s13.
[90] N. Kawahashi, C. Persson, E. Matijevic, *J. Mater. Chem.* **1991**, *1*, 577.
[91] Z. Shu, X. Jiao, D. Chen, *J. Alloy. Compd.* **2011**, *509*, 9200.
[92] J. Malek, L. Benes, T. Mitsuhashi, *Powder Diffr.* **1997**, *12*, 96.
[93] U. Müller, *Anorganische Strukturchemie*, Vieweg + Teubner, Wiesbaden, **2008**.
[94] D. Ciuparu, A. Ensuque, G. Shafeev, F. Bozon-Verduraz, *J. Mater. Sci. Lett.* **2000**, *19*, 931.
[95] M. W. Pitcher, S. V. Ushakov, A. Navrotsky, B. F. Woodfield, G. Li, J. Boerio-Goates, B. M. Tissue, *J. Am. Ceram. Soc.* **2005**, *88*, 160.
[96] X. M. Song, A. Sayari, *Catal. Rev.* **1996**, *38*, 329.
[97] A. Auroux, A. Gervasini, *J. Phys. Chem.* **1990**, *94*, 6371.
[98] P. L. Llewellyn, S. Bourrelly, C. Serre, A. Vimont, M. Daturi, L. Hamon, G. De Weireld, J.-S. Chang, D.-Y. Hong, Y. Kyu Hwang, S. Hwa Jhung, G. r. Férey, *Langmuir* **2008**, *24*, 7245.
[99] A. R. Millward, O. M. Yaghi, *J. Am. Chem. Soc.* **2005**, *127*, 17998.
[100] Z. Liang, M. Marshall, A. L. Chaffee, *Energy Fuels* **2009**, *23*, 2785.
[101] D. Britt, H. Furukawa, B. Wang, T. G. Glover, O. M. Yaghi, *P. Natl. Acad. Sci. USA* **2009**, *106*, 20637.
[102] S. Cavenati, C. A. Grande, A. E. Rodrigues, *J. Chem. Eng. Data* **2004**, *49*, 1095.
[103] D. Eisenbach, E. Gallei, *Chem. Ing. Tech.* **1973**, *45*, 1261.
[104] B. Bachiller-Baeza, I. Rodriguez-Ramos, A. Guerrero-Ruiz, *Langmuir* **1998**, *14*, 3556.
[105] M. Epple, *Biomaterialien und Biomineralisation*, Teubner, Stuttgart, **2003**.
[106] R. Ebermann, *Lehrbuch Lebensmittelchemie und Ernährung*, Springer, Wien, **2011**.
[107] E. Riedel, C. Janiak, *Anorganische Chemie*, de Gruyter, Berlin, **2007**.

[108] F. W. Tegethoff, *Calciumcarbonat : von der Kreidezeit ins 21. Jahrhundert*, Birkhäuser, Basel, **2001**.

[109] H. Cölfen, *Mineralization using synthetic polymers and templates*, Springer, Berlin, **2007**.

[110] Y. Han, M. Fuji, D. Shchukin, H. Möhwald, M. Takahashi, *Cryst. Growth Des.* **2009**, *9*, 3771.

[111] C. Rodriguez-Navarro, C. Jimenez-Lopez, A. Rodriguez-Navarro, M. T. Gonzalez-Muñoz, M. Rodriguez-Gallego, *Geochim. Cosmochim. Ac.* **2007**, *71*, 1197.

[112] A. W. Xu, Q. Yu, W. F. Dong, M. Antonietti, H. Cölfen, *Adv. Mater.* **2005**, *17*, 2217.

[113] G. W. Yan, J. H. Huang, J. F. Zhang, C. J. Qian, *Mater. Res. Bull.*, *43*, 2069.

[114] A. Cai, X. Xu, H. Pan, J. Tao, R. Liu, R. Tang, K. Cho, *J. Phys. Chem.* **2008**, *112*, 11324.

[115] M. Sato, S. Matsuda, *Z. Kristallogr.* **1969**, *129*, 405.

[116] A. Ludi, *J. Chem. Educ.* **1981**, *58*, 1013.

[117] D. F. Thompson, E. D. Callen, *Ann. Pharmacother.* **2004**, *38*, 1509.

[118] F. Ricci, G. Palleschi, *Biosens. Bioelectron.* **2005**, *21*, 389.

[119] H. Inoue, S. Yanagisawa, *J. Inorg. Nucl. Chem.* **1974**, *36*, 1409.

[120] S. S. Kaye, J. R. Long, *J. Am. Chem. Soc.* **2005**, *127*, 6506.

7.2. Abbildungsverzeichnis

7.3. Publikationsliste

H. Gröger, F. Gyger, P. Leidinger, C. Zurmühl, C. Feldmann, *Advanced Materials* **2009**, *21*, 1586-1590 Microemulsion Approach to Nanocontainers and Its Variability in Composition and Filling

C. Zurmühl, R. Popescu, D. Gerthsen, C. Feldmann, *Solid State Sciences* **2011**, *13*, 1505-1509. Microemulsion-based synthesis of nanoscale TiO_2 hollow spheres

C. Zurmühl, R. Popescu, D. Gerthsen, C. Feldmann, in Vorbereitung

7.4. Lebenslauf

Persönliche Daten:

Name:	Christian Andreas Zurmühl
Geburtsdatum:	24.09.1979
Geburtsort:	Stuttgart
Staatsangehörigkeit:	deutsch

Ausbildung:

06.2007-02.2012	Promotion am Institut für Anorganische Chemie des Karlsruhers Instituts für Technologie (KIT) Thema: Synthese nanoskaliger Hohlkugeln mittels Mikroemulsions-Techniken Betreuer: Prof. Dr. Claus Feldmann
04.2003-05.2007	Chemiestudium an der Universität Karlsruhe (TH) Abschluss: Diplom Diplomarbeit: Thema: Synthese nanoskaliger Thiocyanatpartikel und oxidischer Hohlkugeln der Gruppe Vb mittels Mikroemulsionsmethode
10.2000-03.2003	Informatikstudium an der Universität Karlsruhe (TH) Abschluss: Vordiplom
07.1999-06.2000	Zivildienst beim BUND für Umwelt und Naturschutz in Stuttgart
1990 - 1999	Max-Born Gymnasium in Backnang Abschluss: Allgemeine Hochschulreife
1986 - 1990	Schillerschule in Backnang